火力发电厂运营安全管理

王 凯 景 杰 张神举 主编

北京工业大学出版社

图书在版编目（CIP）数据

火力发电厂运营安全管理 / 王凯，景杰，张神举主编． -- 北京：北京工业大学出版社，2024.12.

ISBN 978-7-5639-8745-0

Ⅰ．TM621

中国国家版本馆 CIP 数据核字第 2024F98W74 号

火力发电厂运营安全管理
HUOLI FADIANCHANG YUNYING ANQUAN GUANLI

主　　编：	王　凯　景　杰　张神举
责任编辑：	付　存
封面设计：	知更壹点
出版发行：	北京工业大学出版社
	（北京市朝阳区平乐园 100 号　邮编：100124）
	010-67391722（传真）　bgdcbs@sina.com
经销单位：	全国各地新华书店
承印单位：	三河市南阳印刷有限公司
开　　本：	787 毫米 ×1092 毫米　1/16
印　　张：	8
字　　数：	195 千字
版　　次：	2025 年 6 月第 1 版
印　　次：	2025 年 6 月第 1 次印刷
标准书号：	ISBN 978-7-5639-8745-0
定　　价：	51.00 元

版权所有　　翻印必究

（如发现印装质量问题，请寄本社发行部调换 010-67391106）

主编简介

王凯，出生于1981年，山西长治人，研究生学历，毕业于武汉大学控制工程专业，现就职于山西漳山发电有限责任公司，副高级职称，主要研究方向为电厂安全运行管理。

景杰，出生于1982年，山西运城人，大学本科学历，毕业于武汉大学电气工程及其自动化专业，现就职于山西漳山发电有限责任公司，正高级职称，主要研究方向为电力企业运营管理。

张神举，出生于1981年，山西朔州人，大学本科学历，毕业于武汉大学热能与动力工程专业，现就职于山西漳山发电有限责任公司，高级工程师、中级注册安全工程师，主要研究方向为电力企业运营管理。

前　言

能源作为推动经济发展的核心动力，其稳定供应与高效利用直接关系到国家的繁荣与民众的福祉。在众多能源生产形式中，火力发电以其技术成熟、供应稳定的特点，在全球能源结构中占据着举足轻重的地位。作为电力工业的重要组成部分，火力发电厂不仅承载着满足社会日益增长的电力需求的重任，更面临着如何在确保安全、环保的前提下，实现高效运营与可持续发展的重大课题。

随着社会科技的进步和人民环保意识的增强，火力发电厂的运营管理不再仅仅局限于简单的燃料燃烧与电力转换过程，而是向智能化、绿色化方向转型。在这一转型过程中，安全管理成了不可或缺的一环，它不仅关乎火力发电厂自身的稳定运行与经济效益，更直接影响社会公共安全与环境保护。因此，深入探索火力发电厂的运营机制及安全管理策略，对于促进能源行业健康发展、保障国家能源安全、推动生态文明建设具有重要意义。

全书共五章。第一章为火力发电厂运营管理概述，主要围绕运营管理的核心要素、运营管理的主要流程、运营管理的挑战与对策等内容展开研究；第二章为火力发电厂运营中常见的安全问题，主要围绕设备故障与维护问题、环境污染与排放问题、人员操作与管理问题、自然灾害与外部威胁等内容展开研究；第三章为火力发电厂的安全管理体系，主要围绕安全管理的基本原则、安全管理的组织结构、安全管理的制度建设、安全管理的技术措施、安全管理的培训与教育等内容展开研究；第四章为火力发电厂运营的实时监控和事故预防，主要围绕实时监控系统的构建、事故预防的关键技术、事故应急预案的制定等内容展开研究；第五章为火力发电厂的应急响应与危机管理，主要围绕应急响应体系的建立、危机管理的基本原则、应急预案的制定与实施、危机事件的监测与预警等内容展开研究。

本书由王凯、景杰、张神举主编。具体编写分工如下：第一主编王凯，负责第二章、第三章部分内容编写（计6万字）及统稿工作；第二主编景杰，负责第一章、第四章部分内容编写（计5万字）及统稿工作；第三主编张神举，负责第五章部分内容编写（计4万字）及统稿工作。郭洪远、刘福旺、杨岳斌、李北记、梁志刚、柴国勋、薄志斌、吕子岳、亢常青、彭湃、张振华、王建民、宋国宏、王建武、赵建琦、徐超、郑启、马磊、王岩、王栋、冯陆军等人参与了编写工作。

编者在编写本书的过程中，得到了很多宝贵的建议，谨在此表示感谢；同时参阅了大量的相关著作和文献，在参考文献中未能一一列出，在此向相关著作和文献的作者表示诚挚的感谢和敬意。由于编者水平有限，时间仓促，书中难免会有不足之处，恳请专家、同行不吝批评指正。

目　录

第一章　火力发电厂运营管理概述 1
第一节　运营管理的核心要素 1
第二节　运营管理的主要流程 9
第三节　运营管理的挑战与对策 17

第二章　火力发电厂运营中常见的安全问题 21
第一节　设备故障与维护问题 21
第二节　环境污染与排放问题 27
第三节　人员操作与管理问题 34
第四节　自然灾害与外部威胁 41

第三章　火力发电厂的安全管理体系 48
第一节　安全管理的基本原则 48
第二节　安全管理的组织结构 51
第三节　安全管理的制度建设 61
第四节　安全管理的技术措施 66
第五节　安全管理的培训与教育 76

第四章　火力发电厂运营的实时监控和事故预防 82
第一节　实时监控系统的构建 82
第二节　事故预防的关键技术 87
第三节　事故应急预案的制定 96

第五章　火力发电厂的应急响应与危机管理 ·············· 100
第一节　应急响应体系的建立 ·············· 100
第二节　危机管理的基本原则 ·············· 102
第三节　应急预案的制定与实施 ·············· 110
第四节　危机事件的监测与预警 ·············· 116

参考文献 ·············· 120

第一章 火力发电厂运营管理概述

第一节 运营管理的核心要素

一、设备管理

(一)设备维护

设备维护是保障火力发电厂安全、稳定、高效运行的关键。科学、系统的设备维护策略和规范的维护流程,是提高设备完好率、延长设备使用寿命的有效途径。在现代火力发电厂管理过程中,设备维护已经从被动式的事后维修,转变为主动式的预防性维护和可靠性维护。这种转变不仅顺应了现代化管理理念的发展趋势,更是对火力发电厂生产实践经验的总结和升华。

预防性维护强调在设备发生故障之前,通过定期检查、清洁、润滑、校准等措施,消除设备潜在的故障隐患。这种维护策略以"预防为主、防患未然"为指导思想,通过主动干预设备的运行状态,最大限度地减少设备非计划停运时间,保证生产的连续性。同时,预防性维护还能够避免设备带病运行导致的次生故障,降低维修成本,提高设备利用率。在实践中,火力发电厂需要根据设备的类型、重要程度、使用工况等因素,制定科学的预防性维护计划,确定合理的维护周期和内容。

可靠性维护则更进一步,将维护重点从设备本身转移到影响设备可靠性的各种因素上。这些因素包括设备的设计、制造、安装、操作、环境等。可靠性维护以设备全生命周期管理为理念,强调从设备的选型、采购阶段就开始介入,优化设备选型,把关设备质量。在设备运行阶段,可靠性维护通过在线监测、故障诊断、寿命预测等技术手段,实时掌握设备的健康状态,及时发现和消除设备的隐患。同时,可靠性维护还注重分析设备故障的根本原因,通过优化设计、改进工艺、完善操作规程等措施,从源头上提高设备的可靠性。

(二)设备检修

设备检修是火力发电厂设备管理的重要环节,其目的在于及时发现和消除设备缺陷,预防事故发生,确保机组安全、稳定、经济运行。科学、规范的检修管理是提高设备完好率、延长设备使用寿命的关键。

首先,制定完善的检修计划是开展设备检修工作的基础。检修计划的编制应依据设备的实际运行状况、检修周期、劳动组织等因素，合理安排检修项目、时间和人员。对于大型设备和关键部件，还须进行可靠性分析和寿命评估，据此优化检修策略。在计划编制过程中，编制人员应广泛听取一线员工意见，使之更加贴近实际、可操作性更强。

其次，规范检修过程管理是确保检修质量的重要保证。检修过程须严格按照相关规程、标准和工艺要求进行，对关键工序实行质量监督和验收把关。对检修中发现的设备缺陷，要做到及时记录、跟踪，深入分析原因，制定针对性的处理方案。必要时，还须开展设备专项检修或技术改造，从根本上提高设备性能和可靠性。

最后，加强检修队伍建设是提升检修水平的内在要求。检修工作对人员的专业技能和责任心有很高要求。火力发电厂要建立一支德才兼备、结构合理的检修队伍，定期开展培训，强化员工的安全意识和提高员工的操作水平；完善考核激励机制，调动员工的积极性和创造性；开展技术比武等活动，打造一支爱岗敬业、技艺精湛的检修精英团队。

（三）设备更新

设备更新是火力发电厂设备管理的重要内容，其目的在于优化设备性能，提高发电效率，延长设备使用寿命。在现代火力发电厂的运营中，设备更新已经成为一项系统工程，需要从技术、经济、管理等多个角度进行统筹考虑。

从技术层面看，设备更新需要紧跟电力行业的最新发展动向，引进先进适用的新技术、新工艺、新材料。这不仅包括对现有设备的升级改造，如更换高效汽轮机叶片、优化锅炉燃烧系统等，也包括引进全新的高效、环保型设备，如超超临界机组、循环流化床锅炉等。通过技术更新，火力发电厂能够显著提升发电效率，降低煤耗，减少污染物排放，实现清洁高效发电。

从经济层面看，设备更新是一项投资行为，需要进行严谨的技术经济论证。一方面，设备更新能够带来直接的经济效益，如降低发电成本、提高电量销售收入等；另一方面，设备更新也面临着投资风险，如技术路线选择不当、工程管理不善等都可能导致投资失败。因此，火力发电厂要制定合理的设备更新规划，比选多个方案，科学决策，在效益和风险间寻求平衡，以实现投资效益最大化。

从管理层面看，设备更新是对火力发电厂管理能力的全面考验。设备更新项目往往涉及多个部门、多个专业，需要统一协调、密切配合。这对火力发电厂的组织管理、计划管理、采购管理、质量管理、安全管理等都提出了更高的要求。火力发电厂要建立健全设备更新管理体系，完善相关管理制度和工作流程，加强人才队伍建设，全面提升工程管理水平。只有管理到位，才能确保设备更新项目的质量和进度，实现投资目标，发挥出新设备的最佳性能。

二、人员管理

（一）培训与发展

人才是火力发电厂高效运营的基石。在日益激烈的市场竞争环境中，火力发电厂要想立于不败之地，必须高度重视人才培养与发展工作。员工的知识、技能和态度直接影响着火力发电厂的生产效率、设备可靠性和经济效益。因此，火力发电厂应将人才培养作为一项战略性工作来抓，坚持需求导向，创新机制，强化投入，为员工成长搭建广阔的舞台。

科学完善的培训体系是提升员工能力的重要途径。火力发电厂涉及锅炉、汽轮机、电气等多个专业，岗位设置复杂，技术要求高。这就需要建立多层次、多渠道、多形式的培训体系，满足不同岗位、不同层次员工的发展需求。培训内容应紧密结合岗位实际，突出针对性和实效性，通过理论培训与实践操作相结合、课堂授课与现场教学相结合、线上学习与线下研讨相结合，多管齐下，全方位提升员工业务能力。同时，培训方式也要与时俱进，火力发电厂应充分利用信息化手段，开发在线课程，搭建学习平台，为员工提供随时随地学习的机会。

（二）绩效评估

人员管理是火力发电厂运营管理的重要组成部分，其中绩效评估是人员管理的关键环节。科学、合理的绩效评估制度有助于激发员工的工作热情，提高工作效率，推动企业的可持续发展。火力发电厂的绩效评估应该立足行业特点和企业实际，建立多维度、全方位的考核体系。

首先，绩效评估指标的设置需要兼顾定量分析和定性分析。定量指标如发电量、煤耗、电耗等，能够直观反映员工的工作业绩和效率。而定性指标如安全意识、团队协作、创新能力等，侧重于对员工综合素质和发展潜力的考察。只有将两类指标相结合，才能全面、客观地评价员工的工作表现。

其次，绩效评估的过程应该公开透明、程序规范。评估前，管理层要与员工充分沟通，明确绩效目标和考核标准；评估中，要严格按照标准开展考核，避免主观随意；评估后，要及时反馈结果，指出优点和不足，并制定改进措施。只有让员工参与绩效管理的全过程，才能提高绩效评估的针对性和员工的认可度。

再次，绩效评估结果的运用要注重激励与导向。对于表现优异的员工，可以给予物质奖励、职位晋升等激励；对于有待提高的员工，则要加强教育培训，帮助其认识问题、改进不足。绩效评估不是目的，而是提升员工绩效和能力的手段。管理者要善于运用评估结果，最大限度地调动员工的积极性和创造性。

最后，绩效评估体系本身也需要不断完善和创新。随着火力发电行业的快速发展和企业的转型升级，绩效评估的内容和方式也要与时俱进。管理者要定期评估考核指标的科学性和可操作性，适时调整和优化；要积极引入信息化手段，提高绩效管理的效率和精准度；要广泛征集员工和专家的建议，共同推进绩效评估的改革创新。

（三）职业健康

火力发电厂员工的职业健康是企业可持续发展的重要保障。作为高风险行业，火力发电厂存在诸多职业危害因素，如高温、噪声、粉尘、辐射等，长期暴露在这些环境中工作，员工的身心健康难免受到影响。因此，加强职业健康管理，构建完善的职业健康保障体系，是火力发电厂义不容辞的责任。

同时，火力发电厂要主动适应职业健康管理新要求，不断创新管理模式和手段。大力推广并应用现代信息技术，建立职业健康管理信息系统，实现职业危害因素的实时监测和预警；引进国内外先进的职业病防治技术和设备，为员工健康筑起坚实屏障；借鉴现代管理理念，践行"健康管理就是企业管理"的理念，将职业健康管理融入企业的战略决策和日常运营之中。

三、生产计划管理

（一）生产调度

生产调度是火力发电厂运营管理的核心环节，其科学性和有效性直接关系到电厂的安全稳定运行和经济效益提升。在电力市场化改革不断深化的背景下，火力发电厂面临着电量调度不确定性增大、电价波动频繁等新挑战，生产调度工作也呈现出更多的复杂性和不确定性。如何在新形势下优化生产调度，提高火力发电厂的运行效率和经济效益，已经成为每一个火力发电企业亟须解决的现实问题。

首先，科学制定生产计划是做好生产调度工作的前提。火力发电厂生产计划的制定需要综合考虑多方面因素，如电网调度要求、机组运行特性、燃料供应保障等。其中，准确预测电量需求是计划制定的关键。传统的电量预测主要依靠历史数据和经验判断，难以适应电力市场化环境下电量波动加剧的新特点。因此，火力发电厂要积极引入大数据分析、人工智能等先进技术，建立多维度、动态化的电量预测模型，为生产计划的科学制定提供可靠依据。同时，生产计划还要对标机组的最佳工况，在满足电网调度要求的基础上，最大限度地发挥机组性能，提高发电效率。这就要求生产运行人员深入研究设备特性，优化运行参数，制定精细化的生产方案，实现机组经济运行。

其次，灵活调整生产方式是提高生产调度效率的关键。面对新形势，传统的"基荷机组"运行模式已经难以为继。火力发电厂要积极探索更加灵活、高效的生产调度模式，根据电力需求的波动规律，及时调整机组出力水平，做到"高峰多发、低谷少发"。同时，要大力推广"两换"等灵活调度手段，机组之间互为备用，减少频繁的启停机，降低能耗成本。在此基础上，火力发电厂还可以尝试参与辅助服务市场交易，通过为电网提供调峰、调频等服务，获得额外的经济收益。

最后，严格落实调度纪律是保障生产调度有序进行的基础。火力发电厂生产运行涉及发电、输电、变电等多个环节，需要各部门协同配合、步调一致。这就要求建立健全调度管理制度，明确各部门职责分工和协作流程，确保及时、准确、完整地执行调度指令。同时，要加强生产过程监控，做到全流程、全天候、全方位的实时监测，及时发现并解决生产中出现的隐患。在信息化、智能化技术飞速发展的今天，火力发电厂要积极推进智慧电厂建设，通过大数据分析、智能诊断等手段，提高生产监控的自动化、智能化水平，实现调度运行的科学决策和精准控制。

（二）资源配置

资源配置是火力发电厂生产计划管理过程中的关键环节，直接影响着电厂的生产效率和经济效益。科学合理的资源配置不仅能够保障机组安全稳定运行，而且能够最大限度地发挥设备性能，提高能源利用率。因此，火力发电厂管理者必须高度重视资源配置工作，不断优化配置方案，为企业创造更大的经济和社会效益。

火力发电厂的资源配置涉及煤炭、水、电力等多个方面。其中，煤炭资源的配置尤为重要。作为火力发电厂的主要燃料，煤炭的质量和供应直接影响着机组的出力和效率。火力发电厂需要根据机组类型、负荷特性、环保要求等因素，选择热值适中、硫分低、灰分少的优质煤种，并与供应商建立长期稳定的合作关系，确保煤炭供应的及时性和连续性。同时，火力发电厂还要加强煤场管理，合理布置堆煤区域，做好防尘、防火、防流失等工作，最大限度地减少煤炭损耗。

水资源的优化配置也是火力发电厂生产管理的重点。水在火力发电生产过程中发挥着至关重要的作用，既是锅炉的工质，又是汽轮机的冷却剂。火力发电厂要根据当地水资源状况和环保要求，合理制定水资源利用方案。一方面，要强化水处理水平，提高水质，减少水垢和腐蚀对设备的影响；另一方面，要建立水平衡管理制度，加强用水计量和废水回收，提高水资源利用效率。对于水资源紧缺的地区，电厂还可以探索建设空冷机组，最大限度地减少新鲜水的消耗。

电力资源的优化配置是保障火力发电厂安全经济运行的关键。火力发电厂既是电力的生产者，也是电力的消费者。厂用电系统的可靠性直接关系到火力发电厂的生产安全。火力发电厂要合理规划厂用电系统，提高供电可靠性，确保关键设备和重要负荷的供电安全。同时，要加强厂用电管理，优化用电方式，降低厂用电率，提高电能利用效率。在售电方面，火力发电厂要主动适应电力市场化改革，优化电量结构和电价策略，最大限度地实现电量电价效益。

（三）进度控制

在火力发电厂的运营管理中，进度控制是一项关键而复杂的工作。它涉及发电设备维护、燃料采购、人员安排等多个方面，需要管理者统筹兼顾、精心组织来确保发电生产有序推进，从而满足电网调度和用户用电需求。

进度控制的首要任务是制定科学合理的生产计划。因此，管理者需要深入了解发电设备的运行特性和维护周期，全面掌握燃料供应和库存情况，准确预测电力需求的变化趋势，在此基础上统筹安排检修、采购、生产等各项活动。一个优秀的生产计划应该具有前瞻性和灵活性，既要为各项工作提供明确的时间表和路线图，又要为应对突发情况预留足够的调整空间。

进度控制还需要管理者充分发挥沟通协调的作用，及时化解矛盾，理顺关系。进度的延滞或冲突常常来源于部门间配合的不畅，甚至相互推诿。对此，管理者应主动沟通，努力营造团队协作的良好氛围。

四、质量管理

（一）质量标准

质量标准是火力发电厂运营管理的基石。质量标准体系涵盖原料采购、生产过程控制、产品检验等各个环节，从而实现全过程、全方位的质量管理。

原料质量是保证发电效率和设备安全的前提。火力发电厂应制定明确的燃料采购标准，严格把控燃料的热值、硫分、灰分等关键指标。同时，对于石灰石、水等其他原辅材料，也应建立相应的质量标准，确保其物理性质和化学成分满足生产要求。在原料验收环节，质检人员应严格按照标准进行抽样检验，杜绝不合格品流入生产环节。

生产过程质量控制是确保机组安全稳定运行的关键。火力发电厂应全面梳理生产工艺流程，识别关键控制点，制定严格的操作规程和质量标准。譬如，在锅炉运行方面，应重点关注汽温、汽压、水位等参数，确保其始终处于最佳工况范围；在汽轮机运行方面，应着重监测振动、轴位移等指标，及时发现和消除设备隐患。与此同时，还应加强对操作人员的技能培训和考核，提高其标准意识和规范操作能力，将质量要求落实到每一个生产环节。

产品检验是质量控制的最后一道防线。火力发电厂应建立完善的电能质量检测体系，对机组的频率、电压、谐波等指标进行实时监测，确保电能质量符合国家标准和电网要求。对于脱硫、脱硝等环保设施，也应定期开展性能测试，保证其污染物排放指标达标。产品检验数据不仅是评判质量水平的直接依据，更是持续改进质量管理的重要参考。火力发电厂应建立质量档案，完善数据统计分析制度，为质量管理决策提供科学支持。

（二）质量检测

质量检测是保障火力发电厂安全高效运行的关键环节。在火力发电生产过程中，从燃料的采购、存储到锅炉燃烧、汽轮机发电，再到电力输送，每一个环节都离不开严格的质量把控。只有建立健全的质量检测体系，制定科学合理的质量标准，并严格执行质量检测流程，才能及时发现和消除质量隐患，确保设备安全运行和电力稳定供应。

燃料质量直接影响锅炉燃烧效率和设备安全。火力发电厂需要建立完善的燃料采购制度，对燃料供应商进行严格审核，确保燃料来源可靠。在燃料入厂时，要按照国家标准和行业规范，对燃料的热值、灰分、硫分、水分等指标进行抽样检测。只有经过检测合格的燃料才能入库储存，否则要坚决拒收。在燃料储存过程中，要定期检查燃料质量，防止燃料受潮或自燃。使用前，还要对燃料进行二次检测，确保燃料质量稳定。

锅炉是火力发电厂的心脏，其安全稳定运行直接关系火力发电厂的经济效益和社会效益。火力发电厂要加强锅炉水质的监测，定期对锅炉水的 pH 值、电导率、硬度等指标进行化验，确保水质符合锅炉运行要求。对锅炉本体，要定期进行无损检测，如超声波探伤、磁粉探伤等，及时发现和消除设备缺陷。对锅炉的安全附件，如安全阀、压力表等，也要定期校验，确保其灵敏可靠。

汽轮机是将锅炉产生的蒸汽能转化为机械能的关键设备，其运行状态直接影响发电效率。电厂要加强对汽轮机的振动监测，及时发现和处置异常振动，避免事故发生。定期对汽轮机进行检修，检查叶片、轴承等关键部件的磨损情况，必要时进行更换。监测汽轮机的背压、抽汽压力等关键参数，优化运行工况，提高发电效率。

输电设备是电力送出的通道，其安全可靠性直接关系电网稳定和用户利益。火力发电厂要定期对变压器、断路器等高压设备进行预防性试验，如绝缘油色谱分析、局部放电检测等，及时发现故障隐患。加强输电线路的巡检，及时清理线路通道树障，检查杆塔、瓷瓶、金具等设备的完好性，发现问题及时处理。同时，要做好雷电、台风等自然灾害的预防和应急处置工作，确保输电线路安全。

（三）质量改进

质量改进是火力发电厂运营管理的重中之重，它贯穿生产经营的全过程，影响着火力发电厂的经济效益和社会效益。

质量改进的核心在于建立科学、规范、高效的质量管理体系。这一体系应涵盖从燃料采购、设备运维到电力生产、输送、服务等各个环节，通过制度化、标准化、程序化的管理，有效预防和控制质量风险，持续优化和提升质量绩效。

质量改进不仅仅是质检部门的责任，更需要全体员工的共同努力。火力发电厂要加强质量意识教育，提高员工的质量责任感和主人翁意识；要鼓励员工积极参与质量管理，为生产一线的员工创造改进质量的机会和平台；要建立科学的绩效评价和激励机制，将质量指标纳入考核体系，调动员工参与质量改进的积极性和创造性。只有形成"人人关注质量、人人重视质量"的良好氛围，质量改进才能落到实处、取得实效。

五、安全管理

（一）安全培训

安全培训是火力发电厂安全管理的重中之重。它旨在提高全体员工的安全意识，普及安全知识，培养安全技能，从而预防和减少各类安全事故的发生。一个科学、系统、有效的安全培训体系，是保障火力发电厂安全生产的基石。

构建分层分类、因材施教的培训内容体系是提升安全培训实效性的关键。火力发电厂涉及多个专业领域和工种，不同岗位对安全知识和技能的需求各不相同。因此，安全培训内容应针对不同员工群体的特点进行设计和优化。对于管理人员，培训内容应侧重安全生产责任制、安全管理制度、事故应急处置等；对于操作人员，培训内容应聚焦操作规程、设备原理、应急处置等；对于维修人员，培训内容应侧重机械、电气安全知识，以及检修作业流程、安全防护等。只有因人而异、对症下药，才能最大限度地调动员工主动学习的积极性，帮助其掌握岗位所需的安全知识和技能。

（二）风险评估

火力发电厂作为高风险行业，其安全生产管理至关重要。风险评估作为安全管理体系中的关键环节，对于预防事故发生、保障职工生命健康具有重大意义。科学、系统、全面地开展风险评估工作，是提升火力发电厂安全水平的重要途径。

在辨识危险源的基础上，风险评估还需对各危险源的风险等级进行科学评估。这就要求火力发电厂建立一套规范化、定量化的风险评价体系。通常，风险等级由事故发生的可能性和后果严重性两个维度共同决定。对于可能性较大且后果严重的危险源，其风险等级较高，需要给予重点关注和控制。风险评价的方法有很多，如预先危险性分析法、故障类型和影响分析法、事件树分析法等。评估人员应根据实际情况，选择最适宜的方法，确保评估结果客观、准确、可信。对于评估出的高风险区域和环节，火力发电厂管理层要制定具有针对性的安全管理方案，从工程技术、管理制度、个人防护、应急处置等方面入手，全方位降低或消除风险。

（三）应急预案

应急预案是火力发电厂安全管理的重要内容，其科学性、针对性和可操作性直接关系火力发电厂的安全稳定运行。面对突发事件和极端情况，科学、周密的应急预案能够最大限度地减少事故损失，保障人员生命安全和设备完整性。

应急预案的制定应立足电厂实际，全面评估潜在风险。这需要火力发电厂管理层深入分析电厂生产运营的各个环节，识别可能引发事故的薄弱环节和关键节点。例如，锅炉、汽轮机、发电机等关键设备的故障，煤粉、天然气等易燃易爆物质的泄漏，以及自然灾害、人为破坏等外部因素都可能威胁火力发电厂安全。在此基础上，火力发电厂管理层应针对不同风险制定相应的应急处置方案，明确应急组织架构、职责分工、处置流程、通信联络、物资保障等关键要素，确保应急预案的完整性和系统性。

六、环境管理

（一）环境监测

环境监测是火力发电厂环境管理的重要基础和手段。它通过对火力发电厂及其周边环境中各种污染物的浓度、分布及其变化趋势进行系统、连续的监测，为污染控制和环境保护提供必要的数据支撑。一个完善、有效的环境监测体系，不仅能够及时监测到和预警环境风险，更能为环保设施的优化运行、污染治理方案的制定实施提供科学依据。

在火力发电厂环境监测的诸多内容中，大气污染物监测尤为关键。烟气中的硫氧化物（SO_x）、氮氧化物（NO_x）、烟尘等，是火力发电厂的主要大气污染物。这些污染物不仅会对周边环境空气质量产生直接影响，其沉降还可能造成土壤和水体的酸化、富营养化等二次污染。因此，火力发电厂需要在烟囱、厂界等关键点位设置连续在线监测设备，实时监控各项大气污染物指标，确保达标排放。同时，环保部门也会在火力发电厂周边布设大气环境质量监测点，评估火力发电厂污染物排放对区域环境空气质量的影响。监测数据的变化趋势，既是考核火力发电厂环保表现的重要依据，也是区域大气污染防治的关键参考。

水污染监测是火力发电厂环境监测的另一重点。火力发电厂废水主要包括脱硫、脱硝废水、冷却塔排污水、锅炉排污水，以及生活污水等，其中可能含有重金属、悬浮物、酸碱等多种污染物质。为防止污染物随废水排放对受纳水体造成污染，火力发电厂需对废水进行监测和处理。一方面，要对各类废水的水量、水质进行计量和监测，为废水处理设施的运行调控提供依据；另一方面，还需对厂内总排口的水污染物浓度实行在线监测，严格控制污染物的排放浓度和总量。对于废水排放可能影响的周边地表水体和地下水体，火力发电厂也需定期开展监测，评估其水环境质量状况。通过对水污染监测数据与环保设施运行记录的综合分析，火力发电厂能够诊断废水处理系统存在的问题，优化工艺参数，提升污染治理效果。

噪声监测虽然不如大气污染物监测和水污染监测受到广泛关注，但对于火力发电厂所处区域的声环境质量管理同样重要。火力发电厂的噪声源主要包括汽轮机、发电机、风机、泵类等动力设备，以及变压器等电气设备。在噪声监测过程中，火力发电厂需对主要噪声源进行识别，测定其声功率级或声压级。同时，在厂界和周边敏感点布设噪声监测点，监测分析噪声的达标情况。定期开展噪声监测，可以及时发现偏离常态的异常噪声，查找设备故障或异常运行等原因，避免噪声扰民引发投诉和纠纷。在新建、扩建和技术改造项目的环评和验收阶段，噪声监测也是重要的环境影响评价和达标考核内容。

（二）污染控制

火力发电厂的污染控制是一项系统工程，需要从源头入手，综合运用各种技术和管理手段，最大限度地减少污染物的产生和排放。在燃料选择上，火力发电厂应优先使用低硫煤、洁净煤等清洁燃料，从源头上控制二氧化硫（SO_2）等污染物的产生。同时，还要加强燃料的预处理，如洗选、干燥等，提高燃料的质量，减少灰分、水分等杂质的含量，提高燃烧效率，减少污染物的排放。

污染控制的有效实施离不开严格的环境管理。火力发电厂应健全环保制度和责任体系，加强全员环保培训，提高环保意识。要建立完善的环境监测体系，对各类污染物排放实施全过程监控，确保达标排放。同时，要强化环保设施的运行维护，定期开展环保设施评估和改造，提高污染治理效率和可靠性。遇到环保设施故障或异常，要及时采取应急措施，防止污染事故的发生。

第二节　运营管理的主要流程

一、设备维护与检修流程

（一）设备巡检

设备巡检是火力发电厂设备维护与检修的重要环节，对保障机组安全稳定运行具有重要作用。巡检人员通过对设备进行定期巡视、检查和监测，能及时发现设备的异常情况，消除事故隐患，预防设备故障的发生。同时，巡检过程中收集到的设备运行数据和状态信息，也为后续的维护检修提供了重要依据。

科学、规范的巡检制度是高效开展设备巡检工作的基础。火力发电厂应根据机组类型、运行工况等特点，制定详细的巡检方案和操作规程，明确巡检的对象、内容、频次、路线和方法等。

熟练掌握专业知识和技能是对巡检人员的基本要求。一方面，巡检人员需要熟悉火力发电厂的工艺流程和设备结构，了解各系统、设备的功能、参数和运行原理，明确判断设备状态的标准和方法；另一方面，巡检人员还应具备一定的故障诊断和处置能力，能够根据设备的异常特征初步判断故障类型和原因，采取适当的应急措施，并及时向上级报告。因此，火力发电厂应加强对巡检人员的培训教育，通过理论学习、现场实践、案例分析等多种形式，提升其业务水平和工作能力。

除此之外，现代信息技术为设备巡检工作带来了新的手段和方法。传统的巡检方式主要依靠人工感官和经验判断，具有一定的局限性和主观性；而利用智能传感器、移动终端、大数据分析等新技术，可以实现对设备的实时监测和故障诊断，大大提高巡检的精度和效率。例如，在汽轮机上安装振动传感器，实时采集轴振动数据，通过大数据分析算法，及时发现轴系异常，预警可能发生的故障。再如，利用智能巡检系统，将巡检路线、内容、标准等预置其中，巡检人员可通过移动终端获取实时指导，并将现场情况通过拍照、录音、录像等方式记录在案，便于复核和追溯。

（二）定期维护

定期维护是保证火力发电厂设备安全稳定运行的关键环节。面对复杂多变的生产环境和设备工况，火力发电厂必须建立科学、规范的定期维护制度，有计划、有步骤地开展设备维护工作，做到"预防为主、防治结合"，最大限度地减少设备故障，提高设备运行效率。

首先，制定详细的定期维护计划是开展维护工作的基础。火力发电厂应根据设备的重要性、使用频率、运行环境等因素，科学确定各类设备的维护周期和内容，形成系统、可操作的维护计划。这一计划应涵盖日常点检、定期检修、状态监测等各个方面，明确规定维护的时间节点、操作流程、质量标准等关键要素。同时，维护计划还应具有一定的灵活性，能够根据设备的实际运行状况进行动态调整，确保维护工作的针对性和有效性。

其次，严格执行定期维护操作规程是确保维护质量的重要保证。维护人员必须严格按照规程要求，有序开展各项维护作业。在具体操作中，要细致观察设备运行状态，全面收集数据信息，准确判断设备的健康水平。对于发现的问题隐患，要及时采取措施予以消除，避免设备带"病"运行。同时，维护过程中产生的各种数据和记录，也要进行系统整理和分析，为后续的维护决策提供可靠依据。这就要求维护人员不仅要有娴熟的操作技能，更要具备全局观念和分析能力，能够透过纷繁复杂的现象把握设备运行的本质规律。

最后，加强定期维护队伍建设是提升维护水平的根本途径。火力发电厂要建立一支技术过硬、经验丰富的维护团队，并通过多种形式不断提升其专业素养。定期开展业务培训和技术比武，鼓励维护人员学习并掌握新知识、新技术，使其维护思路和方法能够与时俱进。同时，还要注重维护经验的总结和传承，发挥老员工"传帮带"的作用，帮助新员工尽快成长为业务骨干。维护队伍的专业化、职业化，不仅有利于保证单次维护作业的质量，更为火力发电厂的长远发展奠定了坚实基础。

（三）故障排查

故障排查是火力发电厂运营管理过程中至关重要的一环。面对复杂多变的生产环境，设备故障时有发生。系统全面的知识储备是开展有效故障排查的基础。火力发电厂涉及锅炉、汽轮机、发电机等多个专业，各个专业间又相互关联、相互影响。这就要求故障排查人员不仅要精通本专业知识，还要对其他专业有所了解，这样才能从全局角度分析问题。同时，日新月异的技术进步也对知识更新提出了更高要求。故障排查人员必须与时俱进，不断学习新理论、新技术、新方法，用新知识武装头脑，指导实践。只有建立扎实的专业知识体系，跟上时代发展的步伐，才能在纷繁复杂的故障现象中抓住本质，找出症结所在。

严谨缜密的思维方式是提高故障排查效率的关键。面对设备异常，故障排查人员首先要冷静分析，抓住问题的主要矛盾，运用理论知识进行推理判断，提出可能的原因。在此基础上，再通过系统的测试、检查，收集各项参数指标，用数据说话，逐步缩小故障范围。整个过程需要严密的逻辑思维、周密的分析能力、缜密的判断力，只有这样，故障排查人员才能在错综复杂的因果关系中厘清头绪，找到问题的症结。同时，创新思维也不可或缺。面对前所未见的新问题，故障排查人员要敢于打破常规，从不同角度思考问题，提出新的解决方案。正所谓"不破不立"，创新思维往往能给故障排查带来新的突破。

丰富实践经验的积累是故障排查水平提升的途径。设备故障的成因错综复杂，即便是相同的故障，在不同工况下也可能有不同表现。这就要求故障排查人员在日常工作中多总结，多积累，通过对大量实际案例的分析，总结规律，提炼经验。同时，故障排查人员要重视团队合作与经验分享。一方面，集思广益，群策群力，有助于快速找到问题的解决方案；另一方面，老带新，传帮带，可以有效传承宝贵的实践经验。只有将个人智慧与集体力量相结合，在不断实践中砥砺前行，才能真正提高故障排查能力，塑造一支高素质的故障排查队伍。

（四）维修记录

完整、准确的设备维修记录是火力发电厂高效运营的重要保证。它不仅可以帮助工作人员及时掌握设备状态，预防事故发生，还能为优化维修策略、提高设备可靠性提供宝贵的数据支撑。因此，构建科学规范的维修记录管理体系，对于保障火力发电厂安全经济运行具有重要意义。

维修记录的内容应涵盖设备基本信息、故障现象描述、原因分析、处理措施、更换部件、维修人员、维修时间等关键要素。其中，设备基本信息包括设备名称、型号规格、厂家、投运日期、使用年限等，是维修记录的基础。故障现象描述要尽可能翔实、具体，避免笼统、模糊的表述。原因分析则需要维修人员根据专业知识和实践经验，分析故障发生的深层次原因，为制定针对性的处理措施提供依据。处理措施部分应明确记录故障的处理过程，包括采取的具体措施、使用的工具仪器、更换的零部件等。这些信息不仅有助于后续同类故障的诊断与修复，也为设备维修经验的积累和传承提供了载体。

在信息化时代，传统的纸质维修记录已经难以满足现代火力发电厂管理的需求。因此，构建电子化的维修记录管理系统势在必行。利用计算机技术和数据库系统，可以实现维修记录的标准化采集、集中存储、快速检索和智能分析。一方面，电子化管理可以提高维修记录的规范性和完整性，减少人为失误的风险；另一方面，海量维修数据的积累为设备状态监测、故障预警、寿命预测等智能应用奠定了基础。电子化管理不仅提升了维修记录管理的效率和水平，更为设备管理的智能化、精细化升级提供了技术支撑。

二、燃料供应与管理流程

（一）燃料采购

燃料采购是火力发电厂运营管理过程中至关重要的一环，其质量和效率直接影响着火力发电厂的生产成本和经济效益。为了保证燃料供应的稳定性和经济性，火力发电厂必须建立科学、规范的燃料采购流程，并在实践中不断优化和完善。

燃料采购的首要任务是选择合适的供应商。火力发电厂需要对潜在供应商进行全面评估，考察其资质、信誉、供货能力等各个方面。优秀的燃料供应商不仅能够提供质量稳定、价格合理的燃料，还应具备完善的物流配送体系和快速响应机制。火力发电厂可以通过招标、谈判等方式遴选供应商，并与之建立长期战略合作关系，确保燃料供应的持续性和稳定性。

在确定供应商后，火力发电厂还需要制定详细的采购计划。这一计划应综合考虑火力发电厂的生产需求、库存水平、市场行情等因素，合理安排采购时间、数量和批次。科学的采购计划可以帮助火力发电厂降低库存成本，提高资金周转效率，同时也能够最大限度地规避燃料价格波动的风险。

在采购过程中，火力发电厂还需高度重视成本控制。燃料成本是火力发电厂最大的生产成本，直接影响火力发电厂的盈利水平。为此，火力发电厂应加大市场研究力度，密切关注燃料价格走势，择机进行采购。同时，火力发电厂还可以通过集中采购、长协采购等方式，发挥规模优势，争取更优惠的价格条件。在保证质量的前提下，火力发电厂应最大限度地降低采购成本，提升企业竞争力。

（二）燃料储存

科学合理的燃料储存方案不仅能够保证火力发电厂生产用煤的充足供应，更能最大限度地降低燃料储存成本，提高火力发电厂的经济效益。因此，探讨火力发电厂燃料储存的关键环节和优化策略，对于火力发电厂管理者和相关从业人员具有重要意义。

燃料储存场地的选址和布局是影响储煤质量和成本的首要因素。理想的储煤场应选址在交通便利、地势平坦、排水良好的区域，并充分考虑与燃煤锅炉、输煤系统的衔接。储煤场的总体规划应根据火力发电厂的用煤需求、煤种特性、当地气象条件等因素综合确定，合理划分露天煤场、筒仓、煤棚等不同储煤设施。其中，露天煤场适合储存褐煤、无烟煤等较稳定的煤种，筒仓和煤棚则更适合存放容易自燃、风化的烟煤。科学的储煤场布局不仅能够减少燃料的损耗，也有利于储煤、取煤作业的机械化和自动化。

储煤场的现场管理是防范燃煤自燃、降低储损的有效手段。火力发电厂应根据不同煤种的特性，合理控制煤堆体积和堆放高度，避免因大煤堆积压而引发自燃。对于易自燃煤种，应采取分层堆放、缩短储存时间等措施，必要时可使用化学抑制剂进行预防。储煤场还应配备完善的温度监测、喷淋降温、应急灭火等设施，一旦发现明火或自燃征兆，要及时采取有效措施。同时，做好储煤场的除尘、降尘也十分必要，这不仅关乎煤场工人的职业健康，更关乎火力发电厂的环保达标。科学规范的储煤现场管理，是保障燃料储存安全、降低损耗的有力抓手。

（三）燃料运输

在实际运作中，燃料运输往往涉及多个环节和部门的协调配合。首先，燃料采购部门需要根据火力发电厂的用煤需求，提前与煤炭供应商签订合同，确定煤炭品种、数量、质量标准等关键要素。同时，还要全面评估供应商的供货能力和信用状况，防范供应风险。其次，运输部门要根据合同要求，合理选择运输方式和运输路线。目前，火力发电厂燃料运输以铁路运输为主，水路运输和公路运输为辅。运输部门需要与铁路、港口等部门保持密切沟通，及时掌握运力信息，提前做好调度计划，确保燃料及时、安全送达火力发电厂。最后，火力发电厂内部的燃料管理部门要做好卸煤、堆存、输煤等各个环节的衔接工作，最大限度地减少煤炭的破损和损耗。同时，还要加强对煤质的监测和管控，确保入炉煤质符合锅炉燃烧要求。

此外，在当前"碳达峰、碳中和"目标的背景下，火力发电厂还应积极探索燃料清洁运输的新模式、新技术。传统的燃料运输主要依赖化石能源，排放大量温室气体和污染物，不仅增加了企业的碳排放压力，也给生态环境带来了负面影响。因此，发电企业要主动承担社会责任，加大对清洁运输技术的研发和应用力度，推广新能源车辆、智能装卸设备等先进技术，提高燃料运输的清洁化、低碳化水平。同时，还要优化运输组织模式，发展多式联运、甩挂运输等先进运输方式，减少空载率和能耗，实现燃料运输的绿色可持续发展。

三、发电调度与控制流程

（一）负荷预测

负荷预测是火力发电厂实现经济高效运行的重要基础。准确预测未来一段时间内的电力负荷，对于制定合理的发电计划、优化机组运行方式、降低生产成本具有重要意义。在现代电力系统中，负荷预测已经成为一项涉及多学科、多领域的综合性工作，其理论和方法也在不断发展完善。

从时间尺度上看，负荷预测可以分为长期负荷预测、中期负荷预测和短期负荷预测。长期负荷预测一般针对未来几年到几十年的电力需求，主要为电源规划和电网建设提供依据；中期负荷预测通常预测未来几个月到一年的负荷变化，为机组检修计划和燃料采购计划提供支持；而短期负荷预测则关注未来几小时到几天的负荷走势，直接服务于发电机组的实时调度和运行优化。对于火力发电厂而言，短期负荷预测显得尤为重要。

火力发电厂的短期负荷预测通常采用统计学方法和人工智能方法。统计学方法主要包括时间序列法、回归分析法等，其基本思路是利用历史负荷数据，建立负荷与影响因素之间的数学模型，进而外推预测未来负荷。这类方法理论基础扎实，计算过程相对简单，但对非线性、非平稳的负荷数据拟合效果欠佳。人工智能方法如神经网络、支持向量机等，能够较好地处理复杂的非线性关系，预测精度较高，但也存在计算量大、参数难以确定等问题。在实际应用中，往往需要结合两类方法的优势，形成多模型组合预测，以提高预测效果的稳定性。

除了预测方法本身，影响负荷预测效果的因素还包括数据质量、特征选择、参数优化等。历史负荷数据是预测的基础，其完整性、准确性、时效性直接决定了预测效果的上限。因此，加强负荷数据的采集、筛选和管理是十分必要的。在特征选择上，要全面考虑与负荷相关的气象因素（如温度、湿度）、经济因素（如工业生产指数）、社会因素（如节假日）等，并合理筛选高相关、低冗余的特征子集。针对具体模型，还需要对模型参数（如神经网络的隐藏层数、支持向量机的核函数类型）进行系统优化，以平衡预测精度和泛化能力。

（二）调度计划

调度计划是基于负荷预测结果，综合考虑机组运行特性、燃料供应、环保约束等多方面因素，制定科学合理的机组启停和负荷分配方案，以实现火力发电厂安全、经济、高效运行。

首先，调度计划需要准确预估未来一定时期内的电力负荷需求。这不仅包括电网的总体负荷水平，还要考虑负荷的时间分布特性，即典型的峰谷电量差异。负荷预测的精准性直接影响调度计划的可靠性和经济性。通过收集历史负荷数据，分析负荷变化规律，并结合天气、节假日等因素的影响，调度人员可以建立较为准确的负荷预测模型。在此基础上，火力发电厂可提前做好机组调度准备，避免出现火力发电力供应短缺或浪费情况。

其次，调度计划要兼顾火力发电厂机组的运行特性。不同类型、不同容量的机组，其出力调节能力、启停灵活性、能耗水平等特性存在显著差异。调度计划应根据机组特性合理安排启停顺序和负荷分配比例。对于大容量机组，应尽量安排在基础负荷时段运行，避免频繁启停；对于小容量机组，则可利用其灵活性优势，用于应对负荷的快速波动。科学的机组组合方式，不仅能提高系统运行效率，降低能耗成本，还能延长设备使用寿命。

再次，燃料供应保障是制定调度计划必须考虑的重点因素。火力发电厂需要大量的煤炭、燃气等燃料作为动力来源，燃料供应的稳定性和经济性在很大程度上决定了火力发电厂的出力能力和发电成本。在编制调度计划时，必须充分评估燃料供应风险，提前做好燃料储备和采购工作。同时，应综合考虑燃料价格波动趋势，优化燃料采购和配比策略，在保障电力供应的同时最大限度降低燃料成本。合理控制燃料质量，提高燃烧效率，也是调度优化过程中需要重点关注的环节。

最后，调度计划的制定还需要强大的优化算法支持。面对负荷预测、机组组合、燃料供应、环保约束等多重影响因素，如何在纷繁复杂的可行方案中找出最优解，已非人力所能胜任。现代电力调度系统普遍采用大数据分析、人工智能优化等先进技术，通过机器学习算法和专家知识库的不断迭代优化，自动生成最佳调度方案。一方面，智能算法能够快速处理海量数据，挖掘负荷特征，学习设备性能，不断提高预测和决策的精准性；另一方面，调度员可以将经验知识和策略偏好输入系统，指导和校验优化结果，实现人机协同的智能调度。先进的调度优化技术，为火力发电厂安全经济运行提供了有力保障。

（三）调度优化

火力发电厂的调度优化是一项复杂而系统的工程，它涉及发电机组的经济调度、电网的安全稳定运行以及电力系统的优化控制等多个方面。随着电力市场化改革的不断深入和新能源的大规模接入，传统的调度模式已难以适应新形势的要求。因此，创新调度优化技术，提高火力发电厂运行效率和经济性，已成为电力行业的重要课题。

从技术层面来看，火力发电厂调度优化的核心是建立精准的发电成本模型和电网潮流模型。通过分析各机组的工况特性、煤耗曲线、启停成本等，管理人员可以准确评估不同出力水平下的发电成本。同时，还需考虑输电线路的潮流分布、线路损耗等因素，优化机组出力和潮流分布，实现系统的最经济运行。近年来，随着人工智能、大数据等新兴技术的发展，一些先进的优化算法如深度强化学习、进化算法等被引入火力发电厂调度，极大地提升了调度的精细化水平和实时性。

从管理层面看，火力发电厂调度优化离不开完善的考核激励机制和精益管理理念。传统的调度考核往往侧重于电量指标的完成情况，而忽视了经济性和灵活性因素。因此，需要建立更加全面、科学的考核体系，将发电效率、煤耗水平、机组灵活性等指标纳入考核范畴，激励调度人员主动优化，提高火力发电厂的整体效益。同时，精益管理理念强调持续改进、精细化管控，通过优化工艺流程、消除浪费环节、强化过程监控等手段，从根本上提升火力发电厂调度的科学性和规范性。

四、环境保护与排放控制流程

（一）废气处理

火力发电厂的废气排放量巨大，其中含有大量的二氧化硫、氮氧化物等有害物质，如果不经过有效处理就直接排放，将会严重污染大气环境，危害人体健康。因此，废气处理是火力发电厂环境保护与排放控制的重中之重。

目前，火力发电厂主要采用脱硫、脱硝等方法对废气进行净化处理。其中，石灰石-石膏湿法脱硫是应用最广泛的脱硫技术。该方法是利用石灰石在水中的溶解度远大于硫酸钙，使烟气中的二氧化硫与石灰石浆液充分接触，生成亚硫酸钙，再经过氧化结晶转化为石膏。湿法脱硫过程中设有除雾器，以去除烟气中夹带的雾滴。整个工艺流程包括制浆、吸收、氧化、脱水等环节，最终实现二氧化硫的高效脱除。选择性催化还原法（selective catalytic reduction，SCR）则是火力发电厂脱硝的主流技术。SCR是在含氧量较高的烟气中，以氨气作还原剂，在催化剂的作用下，与烟气中的氮氧化物发生还原反应，生成无害的氮气和水。SCR催化剂一般采用蜂窝状或板式结构，以增大反应比表面积。工艺流程包括氨气的制备与喷射、催化反应、催化剂再生等步骤。SCR脱硝效率在80%以上，是控制火力发电厂氮氧化物排放的有效手段。

除了末端治理，火力发电厂还应从源头上控制废气的产生。这就需要优化燃烧过程，提高燃料利用率。例如，采用低氮燃烧技术，通过分级送风、炉内烟气再循环等措施，抑制燃烧过程中氮氧化物的生成。又如，推广超临界、超超临界机组，提高热效率，减少燃料消耗，从而降低污染物排放强度。

（二）废水处理

火力发电厂的废水处理是保证火力发电厂安全、高效、清洁运行的关键环节。废水来源广泛，主要包括锅炉排污水、冷却塔排水、化学水处理系统排水、煤场冲洗水以及生活污水等。这些废水往往含有大量的悬浮物、重金属、酸碱、油类等污染物质，如果不经过妥善处理就直接排放，将对周围水体和环境造成严重污染。因此，建立科学、完善的废水处理体系，实现废水的达标排放和循环利用，是现代火力发电厂必须解决的重大课题。

废水处理的首要任务是对废水进行分类收集和预处理。根据废水的来源和性质，可以将其分为酸碱废水、含油废水、含盐废水、含煤废水等不同类别。对于酸碱废水，需要通过中和反应调节pH值至中性范围；对于含油废水，需要采用隔油、气浮等方法去除水中的油类物质；对于含盐废水，需要采用蒸发结晶、反渗透等技术脱盐；对于含煤废水，需要先经过沉淀、过滤去除煤粉和悬浮物。只有对不同类型的废水进行针对性的预处理，才能为后续的深度处理创造条件。

在预处理的基础上，火力发电厂还需要建设完善的废水深度处理系统。目前，常用的废水处理工艺包括物化法、生物法和膜分离法等。物化法主要利用物理和化学原理，通过混凝、沉淀、过滤、吸附、氧化还原等过程去除水中的污染物质。其中，活性炭吸附技术对于去除有机污染物和重金属离子有良好的效果。生物法则是利用微生物的新陈代谢活动，将废水中的有机物分解为无害的二氧化碳和水。常见的生物处理工艺包括活性污泥法、生物接触氧化法、厌氧生物处理法等。膜分离法是近年来发展起来的新型废水处理技术，它利用超滤、纳滤、反渗透等特殊膜材料，通过物理筛分作用去除水中的污染物质，实现废水的深度净化。不同的处理工艺各有优缺点，需要根据废水的特点和处理要求进行合理选择和组合。

（三）固体废弃物处理

火力发电厂作为重要的能源供给设施，其生产过程必然会产生大量固体废弃物，如煤炭燃烧后的灰渣、脱硫石膏、废弃催化剂等。这些废弃物如果处置不当，不仅会占用大量土地资源，还可能通过扬尘、渗滤液等方式污染环境，危害人体健康。

首先，火力发电厂应建立健全固废管理制度，明确分类收集、贮存、运输和处置等各环节的责任主体和操作规范。对于一般工业固废（如粉煤灰、炉渣等），要按照"洁净化、同质化"的原则分类收集，尽可能提高废物的质量和纯度。对于脱硫石膏等有毒危险废物，要严格按照《国家危险废物名录》的要求进行鉴别和管理，交由具备相应资质的单位处置。

其次，火力发电厂要积极探索固废的综合利用途径，最大限度地实现废物资源化。例如，粉煤灰可作为水泥和混凝土的掺合料，制成加气混凝土砌块、蒸压灰砂砖等建材产品，部分取代黏土，减少天然矿物原料的开采。又如，脱硫石膏可用于生产石膏建材和水泥缓凝剂，变废为宝。

最后，火力发电厂应加强固废处置全过程的污染防治。贮存场所要做好"防渗漏、防流失、防扬散"的三防措施，制定事故应急预案，最大限度地降低二次污染风险。焚烧处置飞灰等危险废物时，烟气必须经过高效除尘和净化，确保达标排放。填埋场的选址建设要符合环保要求，配套建设渗滤液收集、导排系统，定期开展地下水监测。只有掌控了固废处置各环节，才能切实保障环境和健康安全。

（四）环境监测

环境监测是火力发电厂环境保护与排放控制流程中的关键环节。它通过对大气、水体、土壤等环境介质中污染物浓度的测定，掌握火力发电厂污染物排放状况，评估其对周围环境的影响，为环境管理提供科学依据。同时，环境监测数据也是火力发电厂优化环保设施运行、提高污染治理效率的重要参考。

具体而言，火力发电厂的环境监测通常包括烟气监测、废水监测、噪声监测和周边环境空气质量监测等方面。在烟气监测方面，需要对烟囱排放的二氧化硫、氮氧化物、烟尘等污染物浓度进行连续在线监测，确保其达标排放。对于脱硫、脱硝等环保设施，还需跟踪监测其运行工况和治理效率，及时发现和解决问题。在废水监测方面，要对废水总排口的水量、水质进行在线监测，重点关注 pH 值、悬浮物、化学需氧量（chemical oxygen demand，COD）、氨氮等指标，严格控制其排放浓度和总量。对于火力发电厂周边的地表水体，也需定期开展水质监测，评估火力发电厂排放对其影响程度。

噪声监测是评估火力发电厂噪声污染状况的重要手段。需要在厂界和敏感点布设噪声监测点位，监测昼夜等效声级，确保其满足相应的环境噪声标准。同时，还应针对高噪声设备开展噪声源监测，为噪声治理提供数据支撑。火力发电厂周边的环境空气质量监测则侧重于评估其废气排放对区域环境空气的影响。需在主导风向的上风向、下风向设置监测点，监测二氧化硫、氮氧化物、可吸入颗粒物等污染物浓度，分析火力发电厂排放与区域环境空气质量的相关性。

为保证监测数据的准确可靠，火力发电厂必须建立完善的环境监测质量管理体系。首先，要配备满足监测需求的仪器设备，如烟气在线监测系统、连续流动监测系统等，并定期进行校准和维护。其次，要制定科学的监测方案和操作规程，规范监测频次、采样方法、分析方法、数据处理等各个环节。再次，监测人员必须经过专业培训，具备相应的知识技能和职业素养。监测过程应严格执行规范要求，监测记录应真实、完整、准确。此外，还应定期开展监测数据的统计分析和考核评价，持续改进监测工作质量。

第三节　运营管理的挑战与对策

一、运营管理的主要挑战

（一）环保法规的日益严格

随着全球对环保的重视，火力发电厂需要满足越来越严格的排放标准，减少二氧化碳、硫氧化物和氮氧化物的排放。

火力发电厂大气污染物排放控制面临着前所未有的严峻挑战。随着国家对环境保护的日益重视，火力发电厂排放标准也在不断提高。新修订的《火力发电厂大气污染物排放标准》（GB 13223—2011）大幅降低了粉尘、二氧化硫、氮氧化物等主要污染物的排放限值，对火力发电厂的环保设施和管理水平提出了更高要求。与此同时，随着我国煤炭资源质量的下降和燃煤电厂机组容量的增大，火力发电厂污染物的实际排放量却有增无减。在此背景下，火力发电厂必须采取综合措施，不断强化污染物排放控制力度，以达到新标准的要求。

（二）设备老化与维护成本

老旧设备的维护和更新需要投入大量资金，同时设备老化也会影响发电效率和安全性。

发电设备是火力发电厂安全、稳定运行的基础，其老化程度直接关系火力发电厂的经济效益和社会效益。随着设备运行时间的延长，其性能必然会发生退化，这种退化现象就是设备老化。引起设备老化的原因错综复杂，既有设备自身的因素，也有外界环境的影响。

从设备自身来看，材料特性是影响其老化进程的关键因素之一。发电设备的主体结构大多由金属材料构成，这些材料在长期的高温、高压、腐蚀性介质等恶劣工况下会发生不可逆的物理化学变化，如晶粒长大、位错运动、析出相变化等，导致材料强度下降、塑韧性减弱，进而引发应力集中、裂纹萌生等损伤。以汽轮机叶片为例，其长期处于高温蒸汽环境中会造成合金元素的析出和扩散，形成脆化层，降低叶片的抗疲劳性能。当累积到一定程度时，材料的力学性能难以满足设备安全运转的需求，设备失效的风险大大提高。

从外界环境来看，理想状态下，发电设备应在稳定的工况下连续运行，以保证其处于最佳工作状态。然而在实际运行中，由于负荷变化、启停频繁等因素的影响，设备经常处于非稳态工况，承受着交变应力和热应力的作用。这种动态载荷会引起疲劳损伤的积累，缩短设备的使用寿命。以锅炉受热面为例，频繁的启停会导致受热面的温度和应力水平急剧变化，引起热疲劳和蠕变损伤，加速设备老化进程。因此，合理控制设备的启停次数和负荷变化幅度，对于延缓其老化至关重要。

（三）市场竞争加剧

随着全球对可再生能源的重视程度不断提高，火力发电厂面临着来自风能、太阳能等可再生能源的激烈竞争。这些新兴能源不仅在环保方面具有明显优势，其成本也随着技术进步而逐渐降低，吸引了越来越多的投资和用户关注。风电和光伏发电的快速发展使得电力市场结构发生了深刻变化，火力发电的市场份额受到挤压，尤其在电力需求增长缓慢或电力市场改革加速的地区，火力发电厂的运营压力倍增。

（四）人力资源管理挑战

在当今快速变化的能源行业中，火力发电厂面临着日益严峻的人力资源管理挑战。

一方面，技术人才的短缺是一个亟待解决的问题。随着设备和技术的不断更新，企业需要具备高水平的技术人员来操作和维护现代化的发电设备。然而，专业技术人才的培养周期长，加上行业竞争的加剧，导致优秀的人才流失，给企业的持续发展带来了障碍。

另一方面，员工的技能和知识更新需求日益突出。火力发电厂的技术不断更新，传统的操作和管理方式已无法满足现代化生产的需要。因此，企业必须加大培训投入，定期为员工提供技术培训和职业发展机会，以帮助他们适应新技术的应用，提升整体素质和工作效率。

此外，火力发电厂还需营造良好的工作环境和企业文化，增强员工的归属感和满意度，以减少人才流失。只有通过有效的人力资源管理，火力发电厂才能在激烈的市场竞争中保持竞争力，推动企业的可持续发展。

（五）技术进步与智能化需求加剧

在当前信息技术迅速发展的背景下，火力发电厂面临着技术进步和智能化需求加剧的双重压力。传统的火力发电厂往往依赖手工操作和经验判断，这不仅效率低下，还容易出现安全隐患。

因此，引入现代化技术，尤其是智能监控和数据分析技术，已成为提升火力发电厂运营管理的迫切需求。

二、运营管理的主要对策

（一）加大环保投资

投资清洁技术，如脱硫、脱硝和捕碳技术，升级环保设施，确保符合环保法规。

在大气污染治理方面，火力发电厂应积极推广使用洁净煤技术，通过煤炭清洁化利用降低有害物质的排放。同时，还要加强烟气脱硫、脱硝等环保设施的建设和运行管理，确保二氧化硫、氮氧化物等污染物达标排放。对于烟尘的治理，可采用高效静电除尘器、布袋除尘器等先进设备，最大限度地削减粉尘的无组织排放。

在水污染防治方面，火力发电厂应严格控制废水的排放，实现废水的循环利用和梯级使用。对于不可避免产生的废水，要经过物化处理、生化处理等工艺进行深度净化，确保达标排放。同时，还要加强对周边水体的监测力度，一旦发现异常情况，及时采取应对措施，避免水污染事件的发生。

（二）实施设备预防性维护

设备的老化程度和运行状况是制定维护策略的重要考量因素。对于运行时间较长、磨损较为严重的设备，可以采取预防性维护策略（关于预防性维护相关内容在第二章中有展开阐述），定期进行检修和零部件更换，以延长其使用寿命，保证安全稳定运行。而对于相对较新、运行状况良好的设备，则可以采取基于状态的维护策略，通过实时监测设备的振动、温度、压力等关键参数，及时发现潜在故障，进行针对性维修，避免事故发生。

除了设备状况，维护策略的制定还需要综合考虑发电厂的实际情况，如生产任务、人员配置、备品备件储备等因素。在保证发电机组安全可靠运行的前提下，维护策略应尽量降低对生产的影响，合理安排检修时间，优化检修流程，提高维护效率。同时，还需要加强维护人员的技能培训，完善维护作业标准和规程，为设备维护提供坚实的人力和制度保障。

信息化技术的应用为火力发电厂设备维护策略的优化提供了新的思路和手段。通过构建设备全生命周期管理系统，火力发电厂可以实现设备台账管理、运行状态监测、维护计划制定、检修过程控制、备品备件管理等功能的集成和优化，提高设备管理的精细化水平。利用大数据分析技术，可以挖掘设备运行数据中隐藏的规律和趋势，实现设备状态的精准评估和故障预测，为预防性维护提供依据。应用增强现实等技术，可以为维护人员提供直观、准确的操作指导，提高作业效率和质量。

先进的状态监测和故障诊断技术在火力发电厂设备维护过程中发挥着越来越重要的作用。振动监测技术可以有效识别汽轮机、发电机等旋转设备的不平衡、不对中、松动等常见故障；红外热成像技术可以发现电气设备的过热缺陷；油品分析技术可以监测润滑油、液压油的污染和劣化程度，为设备维护提供决策支持。应用这些技术，可以实现设备状态的实时监控和故障的早期预警，减少非计划停机时间，提高设备可靠性。

此外，火力发电厂还可以考虑引入先进的预测性维护技术，通过对历史数据的分析，预测设备可能出现的问题，从而采取预防措施，避免不必要的维修和停机。这不仅提高了设备的利用率，而且降低了维护成本。

（三）提升运营效率

通过引入先进的管理理念和技术，如精益生产和大数据分析，优化生产流程，降低运营成本。

火力发电厂必须采取有效的优化策略以提升运营效率。首先，增强自身的灵活性和响应能力，通过优化调度和提高发电效率，降低生产成本，以便在价格竞争中保持优势。其次，火力发电企业可以考虑与可再生能源相结合，探索混合能源的发电模式，形成互补优势。最后，积极参与电力市场交易，制定灵活的价格策略，这样才能在价格波动中获取更好的市场份额。火力发电厂应不断创新，提升运营效率，以适应市场变化，确保在竞争日益激烈的电力市场中立于不败之地。

（四）促进员工培训与发展

定期进行员工培训，提升技术水平和安全意识，吸引和留住优秀人才。科学合理的培训计划不仅能够全面提高员工的专业技能和综合素养，更能够增强其责任意识、安全意识和团队协作精神。这对于保证火力发电厂设备的正常运转、提高发电效率、降低安全风险具有重要意义。

制定培训计划首先要明确培训目标。火力发电厂的培训目标应该紧紧围绕火力发电厂的生产实际和发展需求，兼顾员工个人的职业发展诉求。具体来说，培训目标可以包括以下几个方面：第一，提高员工的专业技能水平，使其能够熟练操作设备、精准判断故障、及时处置突发事件；第二，强化员工的安全生产意识，使其牢固树立"安全第一、预防为主"的思想，自觉遵守各项安全操作规程；第三，增强员工的环保意识和节能意识，使其能够在生产过程中最大限度地减少污染物排放、提高能源利用效率；第四，培养员工的创新思维和问题解决能力，使其能够针对生产中的难点问题提出切实可行的解决方案；第五，锻炼员工的沟通表达能力和团队协作精神，使其能够与他人有效配合，形成合力，推动工作的开展。

在明确培训目标的基础上，培训计划还应该包括合理的培训内容。培训内容的选择要全面系统，既要覆盖火力发电厂生产运行的各个环节，又要突出重点、把握难点。根据培训对象的不同，培训内容也应有所侧重。对于新员工，应重点开展入职培训，全面系统地介绍火力发电厂的基本情况、管理制度、生产流程等，帮助其尽快熟悉工作环境、适应工作节奏；对于在职员工，应有针对性地开展专项培训，着重提升其专业技能水平和综合素质能力，持续优化其知识结构和能力结构；对于管理人员，应侧重加强管理能力培训，提高其现代化管理水平和领导决策水平。同时，培训内容还应紧跟电力行业发展的前沿动态，及时将新技术、新工艺、新标准纳入培训范畴，使员工始终保持与时俱进的职业竞争力。

（五）开发智能化管理系统

引入智能化管理系统，实时监控发电过程，进行数据分析，提升决策效率和响应速度。

智能监控系统可以实时监测设备的运行状态，及时发现潜在故障，减少停机时间，提高设备的可靠性和安全性。通过数据分析，火力发电厂可以更好地了解发电过程中的各项指标，优化生产流程，降低运营成本。这种数据驱动的决策方式，能够帮助火力发电厂管理层在复杂的市场环境中作出更加科学和及时的决策。

第二章 火力发电厂运营中常见的安全问题

第一节 设备故障与维护问题

一、设备故障的常见类型

（一）机械故障

机械故障是火力发电厂设备安全管理过程中需要高度重视的问题。发电机组、锅炉、汽轮机等关键设备的机械故障不仅会导致设备损坏、经济损失，更可能引发严重的安全事故，威胁人身安全和环境安全。

从故障类型来看，火力发电厂常见的机械故障主要包括转子不平衡、轴承磨损、联轴器松动、叶片开裂等。这些故障往往源于设备制造缺陷、材料老化、润滑不良、振动过大等，具有一定的共性特征。

机械故障的发生通常具有一定的征兆。设备在运行过程中若出现振动、噪声、温度等参数的异常变化，往往预示着机械故障的萌发。因此，火力发电厂必须建立完善的设备状态监测系统，实时采集和分析设备运行数据，及时发现故障隐患。一旦监测到异常情况，要立即停机检查，查明原因，防患于未然。同时，还要定期开展设备检修和维护，消除机械故障隐患。

（二）电气故障

电气故障是火力发电厂安全运营中的重大隐患。由于发电设备的高度自动化和复杂性，电气系统故障往往表现出隐蔽性强、发展迅速、后果严重等特点。如果不能及时发现和处置，极易引发连锁反应，造成重大事故。

从故障部位来看，电气故障可以分为发电机故障、变压器故障、电动机故障、开关柜故障、电缆故障等几大类。发电机是火力发电厂的核心设备，其故障通常表现为定子绕组接地、转子绕组断线、励磁系统失效等，会直接导致机组停运。变压器作为电能传输的关键环节，其故障主要包括绕组短路、铁芯多点接地、套管爆裂等，影响范围广、损失大。电动机被广泛应用于火力发电厂的各种辅机系统，如给水泵、引风机等，其故障类型多样，如绕组烧毁、轴承磨损等。开关柜和电缆故障虽然发生频率较低，但一旦发生，往往会造成大面积停电。

电气故障的成因错综复杂，既有设备自身质量缺陷，也有运行环境和人为因素的影响。设备质量问题主要源于制造、安装、调试等环节的缺陷，如绝缘材料老化、接触不良、机械强度不足等。恶劣的运行环境，如高温、潮湿、腐蚀性气体等，会加速设备绝缘性能下降和元器件损坏。人为因素如操作失误、维护不当、违章作业等，也是电气故障的重要诱因。此外，电网扰动、雷电等外部因素也可能诱发电气故障。

（三）控制系统故障

控制系统故障是火力发电厂安全运营过程中的一大隐患。作为火力发电厂的"大脑"和"神经中枢"，控制系统承担着信息采集、数据处理、过程控制等关键职能。一旦控制系统发生故障，就会严重影响设备运行的稳定性和可靠性，引发一系列连锁反应，甚至导致事故的发生。因此，深入分析控制系统故障的类型、原因和预防措施，对于保障火力发电厂的安全平稳运行至关重要。

控制系统故障大致可以分为硬件故障和软件故障两大类。硬件故障主要是控制设备本身的质量问题或使用环境恶劣导致的，如元器件老化、接触不良、线路短路等。这类故障通常表现为控制系统部分或全部失灵，无法正常接收信号和执行命令。软件故障则源于控制程序的错误和漏洞，如程序逻辑错误、数据越界、死循环等。这类故障往往更加隐蔽和复杂，不易被及时发现和定位。无论是硬件故障还是软件故障，都会直接影响控制系统的功能发挥，进而危及火力发电厂的安全运行。

导致控制系统故障的原因是多方面的。除了设备自身的质量缺陷和程序设计的谬误外，外部环境的干扰也是一个重要诱因。在火力发电厂建设过程中，如果防雷防电磁干扰措施不到位，就可能引起控制系统的误动作，甚至烧毁元器件。此外，人为因素也不容忽视。控制系统的操作和维护需要专业的知识和技能，如果相关人员缺乏培训或责任心不强，就可能录入错误的参数或延误故障的处理，酿成严重后果。

二、设备故障的检测与诊断方法

（一）振动分析

振动分析是火力发电厂设备故障检测与诊断的重要手段。作为一种非入侵式的检测方法，振动分析能够有效捕捉设备运行过程中的振动信号，进而反映设备的健康状态。对振动信号进行频谱分析、时域分析和阶次分析等，可以准确定位设备的故障类型和故障部位，为制定维修策略提供科学依据。

具体而言，振动分析主要包括以下几个步骤：首先是振动数据的采集。这需要借助专业的振动传感器和数据采集系统，在设备运行过程中实时记录其振动信号。采集点的选择应充分考虑设备的结构特点和故障机理，通常选择轴承座、轴瓦、机壳等振动敏感部位。其次是数据的预处理。由于采集到的原始振动信号往往含有较多噪声，需要进行滤波、去噪等预处理，提高信号的质量和可靠性。再次是特征提取与分析。这是振动分析的核心环节，主要采用频谱分析、包络分析、阶次分析等方法，从振动信号中提取能够反映设备健康状态的特征量，如振动频率、振幅、相位等。通过对这些特征量的分析和解释，工作人员可以判断设备是否存在故障，并推断故障的类型和严重程度。最后是诊断结果的输出与应用。根据振动分析的结果，综合考虑设备的运行工况、历史数据等因素，给出设备健康状态的评估结果和维修建议，为制定设备维护策略提供决策支持。

在火力发电厂的实际应用过程中，振动分析已经成了汽轮机、锅炉、高压泵等关键设备的常规检测手段。通过对这些设备进行定期振动监测和分析，工作人员可以及早发现潜在的故障隐患，避免设备非计划停运造成的经济损失。同时，根据振动分析还能够优化设备的检修周期，合理安排检修任务，提高设备的利用率和可靠性。

（二）热成像检测

热成像检测技术是一种基于物体表面温度分布的无损检测方法，它利用红外热成像仪探测物体表面的红外辐射，获取其温度分布图像，从而实现对物体内部缺陷的检测和诊断。在火力发电厂设备故障诊断过程中，热成像检测发挥着日益重要的作用。

热成像检测的基本原理在于，物体因其温度高于绝对零度而向外辐射红外能量，而红外热成像仪可以接收并转换这种能量，生成清晰的热图像。当设备内部存在缺陷时，其表面温度分布会出现异常，通过分析热图像的异常区域，就能准确定位和识别故障部位。与传统的检测方法相比，热成像检测具有非接触、实时、直观等优点，大大提高了设备故障诊断的效率和精度。

在火力发电厂中，热成像检测技术被广泛应用于锅炉、汽轮机、发电机等关键设备的故障诊断。以锅炉检测为例，热成像可以清晰地显示锅炉壁温度分布情况，发现局部过热、结焦、磨损等缺陷，为及时处理和维修提供依据。对于汽轮机，热成像检测可以识别汽轮叶片的磨损、变形、裂纹等问题，避免因叶片损坏引发的严重事故。此外，热成像还能监测发电机绕组、轴承的温度异常，及早发现潜在故障隐患。

除了设备故障诊断，热成像检测在火力发电厂节能降耗、安全管理等方面也有着广阔的应用前景。通过对管道、阀门、保温层等进行热成像扫描，工作人员可以发现并修复散热、泄露问题，从而提高能源利用效率。对电气设备进行热成像监测，能够及时发现过热、短路等安全隐患，避免触电、火灾等事故发生。热成像检测还可用于分析锅炉燃烧状况，优化燃烧调整，降低污染物排放。

（三）声波检测

声波检测技术在火力发电厂设备故障诊断过程中的应用日益广泛。作为一种非破坏性检测方法，声波检测具有快速、便捷、安全、经济等优点，能够有效识别设备内部缺陷，预防事故发生。声波检测的基本原理是利用超声波在介质中传播时与缺陷相互作用而产生的反射、衍射等现象，分析接收到的回波信号，判断缺陷的位置、大小和性质。

在火力发电厂锅炉管道系统中，由于长期高温高压运行，容易产生应力腐蚀、疲劳开裂等缺陷，严重威胁锅炉安全。传统的检测方法，如射线探伤、磁粉探伤等，不仅操作复杂，检测效率低，而且射线辐射对人体有害。声波检测则能够克服这些不足，实现对管道的快速无损检测。在管道外壁耦合声波探头，向管道内壁发射超声波，根据反射回波信号的时间和幅度，可以准确定位和评估管道内壁的缺陷。同时，声波检测还能够检测管道焊缝、弯头等容易产生应力集中的部位，全面评估管道健康状况。

汽轮机是火力发电厂另一个关键设备，其叶片、轴承等部件的完整性直接影响发电效率和安全性。汽轮机叶片长期处于高速旋转状态，受到蒸汽冲击和离心力作用，容易产生裂纹、断裂等缺陷。声波检测技术可以有效检测汽轮机叶片内部缺陷，尤其是对检测叶片根部等应力集中区的微小裂纹具有很高的灵敏度。通过测量超声波在叶片中的传播时间和衰减特性，工作人员可以评估叶片的完整性和剩余寿命，优化检修策略。对于汽轮机轴承，声波检测可以及时发现轴承表面的点蚀坑、裂纹等微小缺陷，避免突发性轴承损坏事故。

除了锅炉和汽轮机，声波检测在发电机、变压器等电气设备故障诊断过程中也有广泛应用。电气设备绝缘老化是导致设备故障的主要原因之一。声波检测可以检测绝缘材料内部的微小放电、局部过热等缺陷，为评估绝缘状态提供依据。

随着声波检测技术的不断发展，其在火力发电厂设备故障诊断过程中的应用将更加广泛和深入。新型声波检测方法，如激光超声、电磁超声等，克服了传统压电换能器存在的耦合剂污染、高温限制等问题，实现了对设备的在线无损检测。同时，声波检测与其他无损检测技术（如涡流检测、红外热成像等）联用，可以实现对设备缺陷的综合评估，大幅提高检测准确性和可靠性。智能算法如机器学习、深度学习等在声波检测数据分析中的应用，使缺陷识别和定量评估更加自动化和高效化。

三、设备维护的基本类型

（一）预防性维护

预防性维护是火力发电厂设备管理中的一项重要内容，其目的在于通过定期检查、维护和保养，及早发现和消除设备的隐患，延长设备的使用寿命，保证设备的安全可靠运行。相较于事后的纠正性维护和故障维修，预防性维护具有成本低、效果好、风险小等显著优势。在火力发电厂的实际运营过程中，预防性维护已经成为提高设备利用率、降低运行成本、确保电力供应安全的关键举措。

从维护对象来看，火力发电厂的预防性维护涵盖了锅炉、汽轮机、发电机等主要生产设备，以及输煤系统、除灰系统、化学水处理系统等辅助设备。对于不同类型的设备，预防性维护的内容和周期也有所差异。例如，对于锅炉，需要定期检查受热面、对流管束等关键部位的结焦、磨损情况，清理积灰，检查和校正安全阀等保护装置；对于汽轮机，需要定期检查叶片、轴承等运动部件的磨损情况，检测汽轮机本体的振动水平，必要时进行动平衡校正。这些针对性的维护措施，可以有效降低设备故障发生的概率，延长其使用周期。

从维护手段来看，火力发电厂的预防性维护包括日常巡检、定期检修、状态检修等多种形式。其中，日常巡检是由运行人员对设备进行日常的检查和保养，及时发现和处理设备的异常情况；定期检修是按照设备的运行时间或工作量，对其进行全面的检查、维护和修理，通常需要停机进行；状态检修则是根据设备的实际运行状态，利用先进的检测诊断技术，动态优化维护周期和内容。这种状态检修方式可以最大限度地减少设备停机时间，提高维护效率。随着信息技术的快速发展，一些火力发电厂还引入了在线监测、远程诊断等智能化手段，实现了预防性维护的实时化、精准化。

从管理体系来看，火力发电厂的预防性维护离不开完善的制度保障和人员培训。许多发电企业建立了以设备可靠性为中心的管理体系，制定了严格的预防性维护规程和标准，明确了各岗位人员的职责和工作流程。同时，加强对维护人员的技能培训和安全教育，提高其专业素养和风险意识。这些管理举措为预防性维护工作的有序开展提供了坚实基础。一些火力发电厂还引入了先进的管理理念和工具，如以可靠性为中心维修（reliability-centered maintenance，RCM）、全员生产维护（total productive maintenance，TPM）等，优化维护策略，提高设备管理水平。

（二）纠正性维护

纠正性维护是火力发电厂设备维护的重要组成部分，对于保障机组安全稳定运行、提高设备可靠性具有重要意义。不同于预防性维护和预测性维护，纠正性维护主要针对已经发生故障或性能明显下降的设备，通过诊断故障原因、制定维修方案、实施修复措施等手段，使设备恢复正常工作状态。在火力发电厂的日常运营中，纠正性维护工作十分常见，涉及锅炉、汽轮机、发电机等各大主机设备以及辅助系统。

从故障诊断的角度看，纠正性维护要求维护人员具备扎实的专业知识和丰富的实践经验。面对复杂多样的设备故障，维护人员需要综合运用各种诊断技术和方法，如振动分析、油液分析、热成像检测等，准确判断故障的类型、位置和严重程度。同时，还要深入分析故障产生的原因，区分设备自身缺陷、操作失误、环境影响等不同因素，为制定针对性的维修方案提供依据。这就要求维护人员不仅要熟悉设备的结构原理和工作特性，还要掌握各种先进的故障诊断技术，不断提升自身的分析和判断能力。

从维修方案的制定方面看，纠正性维护需要兼顾维修质量、维修效率和维修成本等多方面因素。一方面，维修方案要针对故障原因，采取行之有效的技术措施，确保设备在最短时间内恢复最佳工作状态。这可能涉及零部件的更换、系统的调试、参数的优化等多个环节，需要维护人员根据设备的具体情况和维修经验，制定科学合理的实施步骤和质量控制方案。另一方面，维修方案还要考虑维修效率和成本问题，在保证维修质量的前提下，尽可能缩短设备停机时间，减少维修投入，降低对发电生产的影响。这就需要维护人员审慎权衡，优化资源配置，选择最佳的维修时机和维修方式，在质量、效率、成本之间寻求最优平衡。

从修复措施的实施方面看，纠正性维护对维护人员的技能水平和责任心提出了更高要求。设备故障往往具有突发性和紧迫性，要求维护人员能够快速响应、高效执行。在实施修复过程中，维护人员要严格遵循维修方案和操作规程，精益求精、一丝不苟，确保每一个修复环节都经得起推敲和检验。同时，维护人员还要具备应对复杂问题和突发情况的能力，遇到计划外的困难和挑战时，要沉着冷静、灵活应变，及时调整维修策略和方法，化解风险、攻克难关。这就需要维护人员不仅要具备过硬的维修技能，还要树立高度的责任意识，以设备安全和电厂效益为己任，竭尽全力做好纠正性维护工作。

纠正性维护作为火力发电厂设备维护体系的重要组成部分，肩负着排除故障、恢复设备性能的重任。它要求维护人员具备精湛的专业技能、缜密的分析思维和强烈的责任心，通过科学的诊断方法、合理的维修方案、严谨的修复措施，最大限度地减少故障对发电生产的不利影响。同时，纠正性维护还应立足长远，注重故障原因分析和预防措施制定，从根本上提高设备的本质安全水平和可靠性。只有不断总结经验、改进管理、创新技术，才能真正发挥纠正性维护在火力发电厂安全生产过程中的关键作用，为企业的高质量发展提供坚实保障。

（三）预测性维护

预测性维护是现代设备管理中一种先进而有效的维护策略。与传统的事后维修和定期保养不同，预测性维护利用各种传感器和数据分析技术，实时监测设备的运行状态，预测其潜在的故障风险，并在设备性能下降或发生故障前采取针对性的维护措施。这种前瞻性的维护方式不仅能够最大限度地减少设备停机时间，提高其可靠性和稳定性，更能延长设备的使用寿命，节约维护成本。

在火力发电厂的运营过程中，预测性维护发挥着日益重要的作用。火力发电厂涉及锅炉、汽轮机、发电机等大型复杂设备，其安全稳定运行直接关系电力供应的可靠性和经济性。传统的定期检修模式难以及时发现设备的潜在问题，而事后维修可能导致较长时间的停机，影响火力发电厂的生产效率。预测性维护通过对设备关键参数的实时监测和趋势分析，能够准确预知设备的健康状态和剩余寿命，提前制定维护计划，优化维护资源配置。这不仅保障了火力发电厂的安全平稳运行，也大幅提升了设备管理的科学性和精细化水平。

具体而言，火力发电厂的预测性维护通常包括以下几个方面。

①建立完善的设备监测系统。利用振动、温度、压力等传感器，对锅炉、汽轮机等关键设备的运行参数进行全天候、多角度的数据采集，为后续的故障诊断和趋势预测提供数据基础。同时，监测系统还应具备数据远传、存储、可视化等功能，方便管理人员随时掌握设备运行状态，及时响应异常情况。

②开展设备失效模式与影响分析（failure mode and effects analysis，FMEA）。FMEA是一种系统化的分析方法，旨在识别设备可能出现的各种失效模式，评估其对系统的影响程度，并制定相应的预防和处理措施。通过FMEA，维护人员能够全面了解设备的薄弱环节和风险点，有针对性地开展预防性维护，从而最大限度地降低故障发生的概率。

③应用先进的故障诊断与预测技术。随着人工智能、大数据等技术的发展，预测性维护的手段日益丰富。例如，机器学习算法可以通过分析海量的历史运行数据，自动建立设备的健康退化模型，准确预测其剩余寿命和失效风险。而专家系统则可以模拟人类专家的诊断思路，通过知识推理快速判断故障原因并提供维修建议。这些智能化的诊断预测技术极大提升了预测性维护的效率和准确性。

④加强人员培训和团队建设也是预测性维护的关键保障。一方面，维护人员需要掌握先进的诊断、监测、分析等技能，根据预测结果及时、准确地判断设备状态，制定科学的维护方案；另一方面，预测性维护涉及生产、设备、信息等多个部门的协同，需要建立高效的跨部门沟通合作机制，形成快速响应、密切配合的工作氛围。

第二节 环境污染与排放问题

一、燃煤废气排放及其控制

（一）燃煤废气成分分析

燃煤火力发电厂在运营过程中不可避免地会产生大量含有有毒有害物质的烟气，主要包括二氧化硫、氮氧化物、烟尘等。这些污染物若不经过处理直接排放，将对大气环境和人体健康造成严重危害。因此，准确分析燃煤废气的成分及其危害，是制定有效的污染防治措施的基础。

二氧化硫是燃煤废气中最主要的酸性气体污染物。煤炭在燃烧过程中，其中的硫分子在高温下与氧气发生化学反应，生成二氧化硫。二氧化硫进入大气后，会与空气中的水蒸气反应生成亚硫酸，进一步被氧化成硫酸，是形成酸雨的主要原因之一。同时，二氧化硫还会刺激人体呼吸道黏膜，引发咳嗽、胸闷等症状，长期吸入可导致慢性支气管炎等呼吸系统疾病。

氮氧化物主要是煤中的氮元素在高温燃烧条件下被氧化而成的，包括一氧化氮和二氧化氮等。一氧化氮本身毒性较小，但在大气中会迅速被氧化成二氧化氮。二氧化氮是一种棕红色有刺激性气味的气体，遇水能生成硝酸，也是形成酸雨的成分之一。吸入高浓度二氧化氮可引起急性中毒，出现流泪、咽喉疼痛、胸闷等症状，严重时可导致肺水肿。此外，二氧化氮还是导致光化学烟雾的重要前体物之一。

烟尘是煤炭燃烧产生的细小灰粒，主要成分为未燃尽的碳粒和煤中灰分。烟尘粒径小、比表面积大，易吸附二氧化硫等有害气体和重金属元素。当烟尘进入人体后，这些有毒物质会随之进入呼吸道和肺部，损害人体健康。吸入大量烟尘可引起尘肺等疾病。此外，烟尘还会降低大气能见度，影响交通安全和景观美化。

除上述主要污染物外，燃煤废气中还含有一定量的重金属元素，如汞、铅、砷等。这些重金属大多来自煤炭中的无机矿物质，在燃烧过程中会随烟气一起释放出来。重金属进入人体后难以排出，会在体内蓄积并通过食物链富集，损害人体神经、消化、生殖等多个系统，具有致畸、致癌、致突变等毒性作用。

（二）废气排放控制技术

火力发电厂的废气排放控制是保证其安全、环保运行的关键。面对日益严格的环保要求，火力发电厂必须采取有效措施，最大限度地减少废气排放对环境的影响。这不仅是火力发电厂履行社会责任的体现，更是实现可持续发展的必由之路。

在诸多废气控制技术中，燃烧优化是最为基础和关键的一环。调整锅炉燃烧参数，如空气过量系数、燃烧温度、停留时间等，可以显著提高燃料燃烧效率，减少污染物的生成。同时，先进的燃烧技术，如低氮燃烧、分级燃烧等，可以通过控制燃烧过程中氮氧化物的生成，从源头上控制废气污染。但燃烧优化并非一蹴而就，它需要大量的试验研究和经验积累，需要在保证锅炉安全稳定运行的前提下，不断摸索和调整，找到最佳的运行工况。这对火力发电厂的技术力量和管理水平提出了较高要求。

除了燃烧优化，脱硫脱硝技术的应用也是控制废气排放的重要手段。烟气脱硫是指通过化学或物理方法去除烟气中的二氧化硫，常用的脱硫工艺包括石灰石–石膏法、氨法、双碱法等。脱硝则是去除烟气中的氮氧化物，主要包括选择性催化还原法和选择性非催化还原法（selective non-catalytic reduction，SNCR）。这些脱硫、脱硝技术在原理上各有特点，在实际应用中需要根据火力发电厂的具体情况如燃煤性质、运行工况、环保要求等进行选择和优化，既要确保达标排放，又要兼顾运行成本。同时，脱硫、脱硝设施的日常运维管理也至关重要，它直接关系设施的投运率和污染物的去除效率。火力发电厂必须建立完善的设备管理和维护制度，确保脱硫、脱硝设施的正常运转。

除硫除尘是控制烟尘等颗粒物排放的有效手段。常用的除尘设施包括电除尘器、布袋除尘器等。电除尘器利用静电力将烟气中的粉尘荷电并捕集，是一种高效、经济的除尘方式，被广泛应用于大型燃煤电厂。但电除尘器对粉尘的比电阻有一定要求，当烟气温度、成分等条件不满足要求时，其除尘效率会大幅下降。布袋除尘器则是利用滤料将粉尘从烟气中分离出来，它对粉尘的适应性更广，但容易出现堵塞、寿命短等问题。除尘器的选型和设计需要综合考虑火力发电厂的烟气特性、除尘要求、运行条件等因素，既要保证达标排放，又要兼顾投资和运行成本。

（三）废气排放法规与标准

火力发电厂作为工业生产和社会生活用电的重要保障，在确保电力稳定供应的同时，必须严格遵守相关的废气排放法规和标准，将环境影响降到最低。我国已经建立了较为完善的火力发电厂大气污染物排放标准体系，涵盖了二氧化硫、氮氧化物、烟尘等多种主要污染物，对不同类型、不同规模的火电机组提出了明确的排放限值要求。这些标准的制定和实施，既考虑了环境保护的需要，也兼顾了行业发展的现实基础，体现了科学性、针对性和可操作性的特点。

从二氧化硫排放控制来看，《火力发电厂大气污染物排放标准》（GB 13223—2011）规定，新建燃煤发电机组 SO_2 排放浓度不得超过 100 mg/m³，已有机组 SO_2 排放浓度不得超过 200 mg/m³。同时，该标准还对脱硫设施的运行、SO_2 排放的监测等提出了要求。在此基础上，部分地区还制定了更加严格的地方排放标准，如北京、天津、河北等大气污染防治重点区的新建燃煤电厂执行特别排放限值，SO_2 排放浓度不得高于 50 mg/m³。这些标准的实施，推动了电厂烟气脱硫技术的广泛应用，使得火电行业整体脱硫效率大幅提升。

从氮氧化物排放控制方面来看，我国自 2003 年起实施《火力发电厂大气污染物排放标准》（GB 13223—2011）规定的火力发电厂 NO_x 排放标准，要求新建燃煤机组 NO_x 排放浓度不超过 450 mg/m³。2011 年修订后的排放标准进一步提高了排放限值，规定新建燃煤机组 NO_x 排放浓度不得高于 100 mg/m³。这一变化反映出国家对火电行业氮氧化物治理的日益重视。在严格的排放标准推动下，低氮燃烧、SCR 等先进脱硝技术得到了快速推广和应用，火力发电厂氮氧化物的平均排放水平大幅下降。

除二氧化硫、氮氧化物外，我国还对火力发电厂烟尘、汞及其化合物等污染物制定了相应的排放控制标准。其中,新建燃煤机组烟尘排放浓度不得高于 30 mg/m³,汞及其化合物排放浓度不得高于 0.03 mg/m³。这些标准的实施,进一步推动了火力发电厂除尘、脱汞等环保设施的升级改造,有力促进了大气污染防治工作的顺利开展。

二、废水处理与排放标准

(一)废水处理工艺

火力发电厂在生产过程中会产生大量工业废水,如果处理不当,将会对周边水环境造成严重污染。为了防止废水污染,保障火力发电厂的清洁生产,必须采用科学、高效的废水处理工艺。目前,常用的火力发电厂废水处理工艺主要包括物化法、生物法和深度处理法。

物化法是利用物理和化学作用去除废水中的污染物质,主要包括絮凝、沉淀、过滤、吸附、氧化还原等单元操作。例如,可以通过投加絮凝剂使废水中的悬浮物、胶体颗粒形成絮凝体,再利用重力沉降或过滤将其从水中分离;也可以利用活性炭等吸附材料去除水中的有机污染物和重金属离子。物化法处理效率高,运行稳定,是火力发电厂废水处理的基础工艺。但是,单纯的物化法往往难以彻底去除废水中的可溶性有机物和氮、磷等营养物质,需要与生物法联用。

生物法是利用微生物的新陈代谢作用降解废水中的有机污染物,主要包括活性污泥法、生物接触氧化法、生物膜法等。其中,活性污泥法应用得最为广泛。在好氧条件下,废水中的有机物被活性污泥中的微生物吸收并氧化分解,同时伴随着污泥的增殖,经过沉淀分离后,上清液可达到排放标准。活性污泥法能有效去除污水中的有机污染物,但对氨氮、总氮的去除效果有限,需要采取人工湿地等后续处理措施。

深度处理法是在常规物化和生物处理的基础上,进一步去除废水中残留的难降解有机物、重金属、氮磷等污染物,使出水水质达到回用要求。常见的深度处理工艺有活性炭吸附、臭氧氧化、膜分离等。

除了工艺选择,废水处理还需要进行严格的运行管理和监测。一方面,要根据进水水质和处理目标优化各处理单元的工艺参数,如混凝剂投加量、污泥浓度、曝气量、膜通量等,确保系统长期稳定达标排放;另一方面,要加强对进出水水质、污泥性状等关键指标的在线监测,及时发现和处理异常情况,避免事故排放。同时,还应定期对设备和管路进行检修养护,保证其正常运转。

(二)废水排放标准

火力发电厂在生产过程中不可避免地会产生大量废水,如果处理不当,将对周边水环境造成严重污染。为了防治废水污染,国家和地方政府颁布了一系列废水排放标准,规定了火力发电厂废水中各种污染物的排放限值。这些标准是火力发电厂废水处理和排放的法律依据,也是环境监管部门进行现场检查和执法的重要依据。

火力发电厂废水排放标准通常包括 pH 值、化学需氧量、氨氮、总氮、总磷、悬浮物(suspended substance,SS)、石油类、重金属等指标。不同地区和不同时期的排放标准在污染物项目和限值上可能有所差异,但总体趋势是标准越来越严格,限值越来越低。这反映了国家对环境保护的日益重视,也对火力发电厂废水处理技术提出了更高要求。

以火力发电厂废水排放的国家标准 GB 13223—2011 为例，该标准规定了火力发电厂水污染物排放限值和监测要求。与 1991 年颁布的旧标准相比，新标准增加了总氮、总磷等富营养化污染物指标，并大幅度收紧了各项指标的排放限值。如化学需氧量的排放限值由旧标准的 150 mg/L 降低到 50 mg/L，氨氮的排放限值由旧标准的 25 mg/L 降低到 8 mg/L（其中冷却塔排污水氨氮限值为 15 mg/L）。

除了末端治理，火力发电厂还应重视废水的源头控制和过程管理。合理用水、节约用水、提高水的重复利用率，从源头上减少废水产生量；加强设备维护和检修，防止跑、冒、滴、漏，减少废水中污染物的含量；建立健全环保规章制度，加强全员环保意识教育，把废水达标排放落实到每一个岗位、每一道工序之中。

（三）废水回用技术

废水回用技术是火力发电厂实现水资源可持续利用、减少环境影响的重要手段。随着我国水资源短缺问题日益突出，加之环保法规日趋严格，火力发电厂传统的"取水—用水—排水"的线性用水模式已不再适应时代发展的需求。因此，探索高效、经济的废水回用技术，实现废水的"减量化、再利用、资源化"，已成为火电行业的当务之急。

废水回用技术的核心在于根据水质特点和回用要求，优化设计处理工艺，使废水达到回用标准。火力发电厂废水主要包括循环冷却系统排污水、锅炉排污水、化学水处理系统排水、煤场冲洗水、地面冲洗水等。这些废水成分复杂，污染物种类多样，如悬浮物、化学需氧量、重金属等。因此，废水回用处理工艺需要围绕去除这些污染物展开，通常采用物化法、生物法相结合的组合工艺。常见的物化法包括混凝沉淀、过滤、吸附等，可有效去除悬浮物、胶体颗粒等污染物；而生物法如曝气生物滤池、序批式活性污泥法等，则主要用于降解有机物，脱氮除磷。经过多道工序处理后的出水可达到回用水质标准，用于除灰、输煤、煤场冲洗、绿化等，从而大幅度减少新鲜水用量。

除了处理工艺，废水分类收集和回用管网的优化设计也是提高回用效率的关键。传统的废水处理多采用集中式"末端治理"模式，即将各种废水混合后统一处理。这种模式不仅增加了处理难度，也影响了水质稳定性。因此，先进的废水回用系统应按照"分质收集、分类处理、分级回用"的原则，即根据水质特征进行分类收集，再采取针对性的处理工艺，最后根据回用水质要求输送至相应的回用点。这种分散式、局部循环的回用模式，不仅能提高处理效率，降低成本，也更有利于实现废水的梯级利用和水质管控。同时，回用管网的设计应充分考虑距离、高差等因素，优化管线布局，减少输送能耗。

三、固体废弃物的处理与利用

（一）固体废弃物分类

火力发电厂在生产运营过程中产生的固体废弃物种类繁多，主要包括粉煤灰、炉渣、脱硫石膏以及废催化剂等。这些固废的合理分类与处置不仅关乎火力发电厂的环保达标和可持续发展，更关乎周边环境质量和居民健康。因此，深入分析火力发电厂固体废弃物的分类特点，对于指导实践具有重要意义。

从化学组成角度看，火力发电厂固废可分为酸性、碱性和中性三类。其中，粉煤灰和炉渣属于碱性废物，富含氧化钙、氧化硅、氧化铝等氧化物，pH值通常在8～12之间。若不加处理直接排放，易引起土壤板结，破坏植被生长。脱硫石膏则属于中性废物，主要成分为硫酸钙，对环境影响相对较小。而废催化剂中往往含有钒、钼等重金属元素，属于酸性废物，具有一定的腐蚀性和毒性，处置不当可能导致土壤和水体污染。因此，在贮存和处置过程中，火力发电厂应根据固废的酸碱性质，采取相应的防渗漏、防扬散措施，避免产生二次污染。

按照物理形态特征，火力发电厂固废可分为粉状、块状和泥状三类。粉煤灰是指煤炭燃烧后携带烟气飞出炉膛，经除尘设备收集的细小颗粒物，粒径小于0.1 mm，体积密度为0.8～1 g/cm³，具有较大的比表面积。炉渣是指落入炉底的块状熔融物，冷却后呈不规则的多棱角状，粒径较大，可达数十厘米。粉煤灰极易吸湿结块，产生粉尘污染，而炉渣则在贮存和运输过程中容易破碎，影响场地和道路。脱硫石膏和废催化剂则多为泥状，含水率较高，若堆存不当，极易泄漏渗滤液，污染土壤和地下水。因此，火力发电厂应结合固废的物理特性，优化输送、贮存系统，最大限度地减少扬尘、渗漏等环境风险。

根据资源化利用潜力，火力发电厂固废可分为可利用和难利用两类。粉煤灰和炉渣属于典型的大宗工业副产物，在建材、土木工程等领域有广泛的应用前景。粉煤灰可作为水泥混合材、混凝土掺合料，也可用于制备陶粒、免烧砖等新型墙体材料。炉渣可代替天然骨料，用于道路基层、地基填料等。据估算，1 t粉煤灰可节约0.2～0.3 t标准煤，1 t炉渣可节约0.5～1 t石灰石。充分开发这两类固废，不仅能缓解火力发电厂"污染围城"的困境，还能大大降低资源消耗和二氧化碳排放，可谓一举多得。相比之下，脱硫石膏和废催化剂的资源化利用难度较大，目前主要作为水泥缓凝剂或制硫酸的原料，开发潜力有限。因此，火力发电厂在统筹固废资源化利用时，应优先考虑粉煤灰和炉渣，并加大与建材、市政等行业的产业链协同力度，提高大宗固废消纳能力。

（二）固体废弃物处理技术

火力发电厂在运营过程中会产生大量的固体废弃物，如粉煤灰、炉渣、脱硫石膏等。这些废弃物如果处理不当，不仅会占用大量土地资源，还可能造成严重的环境污染。因此，探索科学、高效、环保的固废处理技术，对于提升火力发电厂的可持续发展能力具有重要意义。

当前，我国火力发电厂固废处理主要采用填埋和综合利用两种方式。填埋是最常见的处理方法，通过将固废填埋到专门的场地，借助防渗层隔绝废物与周围环境，从而避免污染的扩散。然而，填埋不仅需要大量场地，而且长期来看仍存在渗漏风险，难以从根本上解决环境隐患。相比之下，固废的综合利用则更具开发价值和生态效益。

粉煤灰是火力发电厂排放量最大的固体废物，其主要成分为二氧化硅、氧化铝等，具有较好的胶凝性能。经过分选、干燥等工艺处理后，粉煤灰可作为混凝土掺合料、水泥原料，广泛应用于建筑、道路、水利等领域。大量研究表明，掺入粉煤灰的混凝土强度高、耐久性好，能够显著提升建筑物的安全性和使用寿命。同时，以粉煤灰替代部分水泥，不仅可以降低工程成本，还能减少水泥生产过程中的二氧化碳排放，具有良好的经济效益和环保效益。

炉渣是燃煤电厂锅炉排出的熔融态矿渣经过冷却后形成的玻璃体物质，硬度高、吸水性低、化学性质稳定。将炉渣粉碎、筛分后，可作为混凝土骨料、道路基层材料，部分替代砂石、卵石等天然骨料，在建筑施工中得到广泛使用。以炉渣为原料制备的环保透水砖不仅强度高、耐磨性好，还具有良好的渗水性能，有利于雨水的吸收和地下水的补给，在海绵城市建设中具有广阔的应用前景。

脱硫石膏是烟气脱硫过程中产生的副产物，主要成分为硫酸钙二水合物。经过脱水、烘干、粉磨等加工处理后，脱硫石膏可用于制造石膏板、石膏砌块等建材产品，在建筑装饰领域得到广泛应用。以脱硫石膏为原料生产的石膏基自流平砂浆具有强度高、流动性好、收缩小等优点，能够显著提高施工效率和建筑质量。此外，脱硫石膏还可用于水泥缓凝剂、土壤改良剂等领域，在农业生产中也有重要用途。

（三）固体废弃物资源化利用

火力发电厂运行过程中产生的固体废弃物主要包括粉煤灰、炉渣、脱硫石膏等。这些废弃物如果处置不当，不仅会占用大量土地资源，还可能造成环境污染，威胁人体健康。然而，随着循环经济理念的深入人心和资源综合利用技术的不断进步，火电固废正在从"废弃物"向"资源"转变。通过创新工艺和精深加工，火电固废可以作为水泥、混凝土、陶瓷等建材的替代原料，在建筑、公路、农业等领域得到广泛应用。这不仅缓解了固废堆存压力，减轻了环境负荷，也产生了可观的经济效益和社会效益。

粉煤灰是火力发电厂固废中产量最大、综合利用价值最高的品种。我国每年产生的粉煤灰在 6 亿 t 以上，约占工业固废总量的 40%。经过多年的技术攻关和示范推广，粉煤灰在建材领域已经形成了较为成熟的产业链。以粉煤灰为原料生产水泥，不仅可以降低生产成本，提高水泥强度和耐久性，还能显著减少二氧化碳排放。据测算，每吨粉煤灰可替代 1.4 t 石灰石和 0.15 t 黏土，减排二氧化碳约 0.8 t。此外，作为混凝土掺合料，粉煤灰可以改善混凝土的工作性能，提高抗渗性、抗冻性和抗化学侵蚀性。在公路工程中，掺加粉煤灰的水泥稳定碎石基层，强度高，不易开裂，使用寿命可延长 30% 以上。在农业生产中，施用粉煤灰可以改良土壤，调节 pH 值，提高保水保肥能力，促进作物生长。这些综合利用方式，不仅消纳了大量粉煤灰，也产生了巨大的经济社会效益。

炉渣是火力发电厂锅炉燃烧后排出的玻璃态、高硅铝材料，每年产生量约 1 亿 t。作为混凝土骨料，炉渣可以降低水化热，改善混凝土性能；作为制砖原料，炉渣可以降低砖坯收缩率，提高砖体强度和抗冻性。利用炉渣生产的陶粒，具有密度小、强度高、导热系数低等特点，是理想的建筑保温材料。近年来，一些火力发电厂还探索利用炉渣制备泡沫陶瓷滤料，应用于废水处理和烟气净化，取得了良好效果。这些新兴利用途径，进一步拓宽了炉渣资源化的空间。

脱硫石膏是火力发电厂烟气脱硫过程中产生的含水硫酸钙沉淀物，既是工业废渣，又是优质石膏资源。利用脱硫石膏生产石膏建材，如纸面石膏板、石膏砌块等，可以缓解天然石膏资源紧缺。脱硫石膏还可以用作水泥缓凝剂和混凝土膨胀剂，部分替代天然石膏，降低生产成本。在农业领域，施用脱硫石膏不仅可以补充土壤中的钙、硫元素，改良盐碱地，还能吸附土壤中的重金属，降低农作物吸收含量。这些应用实践充分证明，只要处理得当，脱硫石膏完全可以成为宝贵的再生资源。

四、噪声污染及其防治措施

（一）噪声污染源分析

火力发电厂的噪声污染主要来源于锅炉、汽轮机、发电机等大型设备以及冷却塔、风机、泵等辅助设备的运行。这些设备在高速运转时会产生强烈的机械振动和空气动力噪声，其声压级可达 90～110 dB（A），远超国家标准规定的工业企业厂界噪声排放限值。高强度、长时间的噪声暴露不仅会对职工的听力健康造成损害，还会诱发头痛、失眠、心悸等一系列生理和心理问题，严重影响其工作和生活质量。

从物理学角度分析，设备噪声的产生机理主要包括动平衡、气流脉动和旋转部件振动等。锅炉和汽轮机高温高压状态下的热应力、压力变化会导致系统内部结构的振动变形，扰动周围介质产生噪声。汽轮机在高速旋转时还会形成强烈的气流脉动，周期性的压力波动造成空气的振荡传播。此外，电动机、泵等旋转设备的不平衡量、轴承磨损等因素也是噪声的重要来源。科学分析这些噪声机理，是制定有针对性降噪措施的前提。

对火力发电厂噪声源的定位监测表明，锅炉给水泵房、冷却塔、汽轮机房是噪声的主要分布区域。以锅炉为例，锅炉本体、鼓风机、引风机等部件噪声声级均超过 85 dB（A）。而锅炉房又是一个相对封闭的空间，使得噪声的衰减和扩散受到限制。再如冷却塔，其冷却风机叶片切割气流时会产生频率较高的空气动力性噪声，这种噪声具有指向性强、传播距离远的特点。发电机组、变压器等设备虽然噪声级相对较低，但由于其连续运行的特性，长期的噪声积累仍会对环境造成不利影响。

（二）噪声控制技术

噪声作为工业生产中的常见污染之一，其危害性常常被人们低估。事实上，噪声不仅会对工人的身心健康造成严重影响，还会降低设备的使用寿命，影响生产效率和产品质量。因此，火力发电厂在运营过程中必须高度重视噪声污染的防治工作，采取有效的控制技术，将噪声危害降到最低。

火力发电厂的噪声主要来源于运转的锅炉、汽轮机、发电机等大型设备，以及风机、水泵等辅助设备。这些设备在高速运转时会产生强烈的机械振动和气流脉动，进而辐射出高强度的噪声。根据我国《工业企业厂界环境噪声排放标准》（GB 12348—2008）的规定，火力发电厂厂界噪声排放限值为昼间 65 dB（A），夜间 55 dB（A）。为了达到这一标准，必须从噪声源、传播途径和接收者三个方面入手，综合运用各种控制技术。

对于噪声源，最根本的控制措施是优化设备选型和工艺设计，尽量选用低噪声、低振动的设备，并合理布局，避免噪声叠加。同时，要加强设备的日常维护和保养，及时更换老化零件，消除异常噪声。对于难以避免的强噪声源，可以采取隔声、消声、吸声等处理措施。比如在锅炉、汽轮机等设备周围设置隔声罩，利用可拆卸的吸声材料将其包裹起来，阻断噪声的传播。风机、水泵等辅助设备可以安装消声器，利用多级降噪技术衰减噪声。

噪声在传播过程中会受到距离衰减、空气吸收、遮挡物阻隔等因素的影响。因此，合理规划厂区布局，加大高噪声设备与办公区、生活区的距离，利用绿化带、隔声屏障阻隔噪声也是行之有效的控制手段。在设计车间建筑时，要充分考虑隔声减噪，如采用双层隔声窗、隔声门等。必要时，还可以在噪声传播途径上设置主动降噪系统，利用大功率扬声器辐射出与原噪声波形相反的声波，从而实现噪声的自我抵消。

对于噪声的接收者，也就是工作和生活在火力发电厂内的人员，必须加强个人防护，提供必要的劳动保护用品。在高噪声作业环境中，工人要正确佩戴耳罩、耳塞等防护用具，并合理安排工作时间，避免长时间处于噪声环境中。对噪声接触时间较长的工人，要定期进行听力检查，及时发现和治疗噪声聋等职业病。同时，火力发电厂还应加强噪声防护知识的宣传教育，提高全员的防噪意识。

（三）噪声防治法规

我国现行的噪声防治法规主要包括《中华人民共和国噪声污染防治法》《工业企业厂界环境噪声排放标准》（GB 12348—2008）等。这些法规从不同角度对噪声污染进行了规范和限制，为火力发电厂等工业企业控制噪声提供了法律依据。

《中华人民共和国噪声污染防治法》作为我国噪声管理的基本法，对噪声污染防治的监督管理、噪声排放控制、法律责任等方面做出了原则性规定。该法明确规定，排放环境噪声的单位，必须符合国家规定的环境噪声排放标准，不得干扰他人正常的工作、生活和学习。对于新建、改建、扩建的建设项目，应当进行环境影响评价，防治噪声危害。

《工业企业厂界环境噪声排放标准》则针对性地规定了工业企业厂界噪声的排放限值。根据声环境功能区类别的不同，该标准对昼间和夜间的噪声限值做出了详细划分。以火力发电厂所在区域常见的2类和3类功能区为例，昼间噪声限值分别为60 dB和65 dB，夜间分别为50 dB和55 dB。超过限值的，要及时采取降噪措施，达标排放。

除了上述噪声排放标准，一些地方性法规对火力发电厂噪声防治也提出了更加具体的要求。如《火力发电厂环境保护设计规范》（DLGJ 102—1991）中规定，发电机组、锅炉房等主要噪声源与厂界的距离不应小于400 m，且应合理布局，集中设置；发电机房等建筑物应采取隔声、吸声、消声等降噪措施，确保厂界噪声达标。

第三节　人员操作与管理问题

一、人员资质与技能评估

（一）资质认证要求

火力发电厂的安全运营离不开专业素质过硬的人员队伍。为保障火力发电厂生产安全和设备运行稳定，必须建立健全人员资质认证体系，明确岗位任职条件，强化持证上岗管理。这不仅是落实国家法规政策的要求，更是提升火力发电厂本质安全水平的内在需要。

人员资质认证的首要任务是制定科学合理的认证标准。火力发电厂应结合生产实际，全面梳理各工种、各岗位所需的知识技能，明确相应的任职资格条件。认证标准既要覆盖理论知识，也要突出实践技能；既要体现行业共性要求，也要彰显火力发电厂个性化需求。标准的制定要以国家职业资格规范为基础，参考同行业优秀企业经验，广泛听取一线员工意见，经反复论证后确定，确保其科学性、先进性和可操作性。

在认证标准明确的基础上，火力发电厂要搭建规范有序的认证实施机制。认证工作应由人力资源部门牵头，会同生产技术、安全监察等部门组成考评小组，对员工的理论知识、实操技能、安全意识等进行全方位考核。理论知识可采取闭卷笔试等方式，重点考查员工对设备原理、操作规程、应急处置等关键内容的掌握；实操技能须在现场或模拟环境下进行，通过员工实际操作表现来评判其技能水平；安全意识则要在日常工作中持续观察，考查员工安全防范、隐患排查、应急响应的意识和能力。只有通过全面严格的考核，才能确保员工具备履职所需的综合素质。

持证上岗是人员资质管理的关键环节。火力发电厂要建立健全持证上岗制度，明确各岗位的持证要求，并严格落实到人员配置、使用和管理的全过程。在人员招聘时，应将相关资质证书作为必备条件纳入考查范围；在人员配置时，必须确保关键岗位、重点环节都由持证人员担任；在日常管理中，要加强证后监管，对无证操作、超岗越权等违规行为严肃问责。只有严格执行持证上岗制度，才能从源头上防范人员素质风险，筑牢火力发电厂安全运行的人才基础。

人员资质管理绝非一蹴而就，而应作为一项常态化工作持续推进。火力发电厂要高度重视人员继续教育，定期开展技能培训和安全教育，不断提升员工的专业水平。要强化资质标准动态管理，根据法规政策变化、设备工艺更新等及时修订完善，保持其先进性和适用性。要总结资质管理实践经验，优化管理流程，创新方式方法，切实提高管理效能。唯有如此，才能推动人员资质管理不断走向科学化、精细化、规范化。

（二）技能评估标准

火力发电厂人员技能评估标准的制定是保障安全生产、提高运营效率的关键举措。评估标准应当立足岗位需求，全面考查员工的理论知识、实践技能和安全意识，既要突出专业性和针对性，又要兼顾全面性和系统性。

首先，技能评估标准应当紧密结合不同岗位的实际工作内容和要求。火力发电厂涉及锅炉、汽轮机、电气等多个专业，不同工种所需的知识结构和技能要求存在较大差异。因此，评估标准的制定必须深入分析各岗位的职责范围和工作特点，提炼关键技术要素，确保评估内容的针对性和实效性。例如，对于锅炉操作工，评估重点应放在锅炉结构原理、燃烧调节、故障诊断等方面；而对于电气检修工，则应侧重评估其电路分析、设备维护、安全规程等方面的能力。只有做到因岗施策、有的放矢，才能真正发挥技能评估的导向作用，推动员工能力素质的持续提升。

其次，技能评估标准应当采取理论与实践相结合的方式，全方位考查员工的岗位胜任力。一方面，火力发电厂的安全生产离不开扎实的理论基础，员工必须深入掌握电厂原理、设备构造、操作规程等基本知识，这是正确认知和判断的前提。因此，评估标准中应设置必要的理论考核环节，通过笔试、口试等形式，考查员工对专业知识的理解和掌握程度。另一方面，技能评估更应注重实践操作能力的考查。毕竟，火力发电厂是一个高度实践性的场所，员工的实际工作表现才是评判其能力的根本标准。为此，评估标准应围绕关键工作任务设计实操考核项目，通过情境模拟、现场操作等方式，全面评估员工的动手能力、应急处置能力、安全防范意识等。唯有在真实情境中检验员工的实际表现，才能获得最为可靠和有效的评估结果。

再次，技能评估标准的制定应当体现开放性和发展性，为员工成长提供持续动力。一方面，评估标准不应是一成不变的，而应根据技术进步、设备更新等及时进行动态调整，引导员工主动学习新知识、掌握新技能，适应火力发电厂发展的新要求。另一方面，评估标准应设置多元化的等级体系，为员工提供纵向发展的路径。可以根据知识技能的深度和复杂程度，将评估等级划分为初级、中级、高级等不同层次，鼓励员工通过不断学习和实践，逐步提升自己的职业素养，实现从初级员工到技术骨干的转变。只有构建起富有弹性和包容性的评估标准，才能激发员工的进取意识，推动人力资源的优化配置。

最后，技能评估标准的有效实施离不开配套的管理制度和激励机制。评估结果应当作为员工聘用、晋升、薪酬分配的重要依据，形成人岗相适、优胜劣汰的选人、用人导向。对于评估成绩优异的员工，可以给予表彰奖励，提供更多的培训深造机会；对于评估不合格的员工，则要及时进行再培训和改进，并建立末位淘汰制度，保证人员素质的持续优化。同时，还应完善评估工作的组织实施和监督管理，成立专门的评估小组，制定严谨的工作流程和质量标准，确保评估过程的公平公正，评估结果的客观准确。唯有将技能评估与配套制度有机结合、相互促进，才能真正发挥其应有的作用和效能。

构建科学合理的技能评估标准，是提升火力发电厂人员素质、保障安全生产的必由之路。评估标准应立足岗位实际，兼顾理论与实践，体现开放与发展，并与配套制度相衔接，形成持续提升员工能力的长效机制。只有不断深化人员技能评估工作，建立健全人才发展通道，才能为火力发电事业培养一支高素质的人才队伍，推动行业的高质量发展。这既是企业发展的内在要求，也是践行以人为本理念的必然选择。

（三）定期考核机制

定期考核机制是保障火力发电厂人员操作规范、提升安全管理水平的重要举措。通过系统化的考核，管理人员可以全面评估员工的业务能力和安全意识，及时发现并纠正不当操作行为，从而最大限度地降低事故风险。同时，科学合理的考核机制还能激发员工的工作积极性，促进其主动学习、钻研业务，不断提升自身素质和技能水平。

在设计定期考核机制时，应遵循客观公正、全面系统、突出重点的原则。考核内容应涵盖员工的理论知识、实践技能、安全意识等各个方面，重点考查其对关键操作规程和应急处置流程的掌握情况。考核形式可采取笔试、实操、情境模拟等多种方式，全方位评估员工的综合能力。考核频率应根据岗位特点和风险等级进行合理设置，确保考核的针对性和有效性。

考核结果应作为员工绩效评估、岗位调整、薪酬分配的重要依据。对于考核优秀的员工，可给予表彰奖励，激励其再接再厉；对于考核不合格的员工，则应加大培训力度，帮助其尽快提升业务水平。同时，考核结果还应作为完善安全管理制度、优化操作流程的重要参考，为火力发电厂的安全生产提供决策支撑。

面对新时期能源革命和安全生产形势的新变化、新挑战，提升火力发电厂人员操作与管理水平已成为企业生存发展的迫切需要。而完善定期考核机制，则是提升员工业务能力、强化其安全意识的有力抓手。站在新的历史起点，火力发电厂唯有不断创新考核理念，优化考核方式，严格考核标准，才能为安全高效生产提供坚实的人才保障，为建设清洁低碳、安全高效的现代能源体系贡献力量。

二、现场监督与安全检查

（一）监督检查制度

在火力发电厂的安全管理过程中，建立健全监督检查制度是保障生产运行平稳有序的关键环节。监督检查不仅能够及时发现生产过程中存在的安全隐患，还能够督促各部门、各岗位严格遵守安全生产规程，切实履行安全生产职责。一个行之有效的监督检查制度，应该包括明确的检查内容、科学的检查方法、合理的检查频次以及严格的奖惩措施等多个方面。

具体而言，监督检查的内容应该涵盖火力发电厂生产运行的各个环节，包括设备维护保养、操作规程执行、现场安全管理、应急预案演练等。其中，对于重点设备、关键岗位和高危作业，应当采取更高频次、更严格的检查标准。同时，针对不同检查对象，还应制定差异化的检查清单和评判标准，确保检查内容的针对性和实效性。

在检查方法上，可以采用定期检查与随机抽查相结合、现场检查与远程监控相结合、自查自纠与他查他纠相结合等多种方式。定期检查是指按照预先制定的计划，有规律地对各部门、各岗位进行全面系统的安全检查。而随机抽查则是在不预先通知的情况下，随机选取某些部门或岗位进行突击检查。现场检查需要安全管理人员深入一线，通过观察、询问、查阅资料等方式，了解掌握生产运行状况。远程监控则利用视频监控系统、在线监测系统等技术手段，实时监测关键设备运行参数和人员作业行为。自查自纠强调各部门、各岗位要履行主体责任，定期开展内部安全检查。他查他纠则是由安全管理部门牵头，联合相关部门对其他部门、岗位进行交叉检查。多种检查方法相互配合，能够实现检查范围的全覆盖、检查频次的高密度、检查手段的多样化，从而最大限度地消除事故隐患。

合理的检查频次是保证监督检查效果的重要因素。频次过低，难以及时发现和消除安全隐患；频次过高，又会加重一线人员的工作负担，引起基层反感。因此，应当根据不同检查内容和检查对象，科学设置检查频次。一般来说，对于重点设备、关键岗位和高危作业，可以采取每班一检、每日一检的高频次检查；对于一般性的设备和岗位，可以采取每周一检、每月一检的常规频次检查；对于整个火力发电厂，可以每季度或每半年组织一次全面系统的安全大检查。

严格的奖惩措施是监督检查制度的有力保障。对于在检查中发现的安全隐患和违章行为，必须坚决予以整改和处理，绝不姑息迁就。对整改不及时、不彻底的，要追究相关部门和人员的责任；对违章操作、违反规程的，要给予相应的经济处罚和行政处分，直至追究法律责任。与此同时，对在安全管理中表现突出、成绩显著的单位和个人，也要给予表彰和奖励，营造"比学赶超、争当先进"的良好氛围。只有实现奖惩分明、赏罚并举，才能真正将监督检查制度落到实处。

建立科学完善的监督检查制度，是火力发电企业加强安全管理、实现本质安全的重要举措。相关部门和人员要提高思想认识，强化责任担当，按照制度规定认真开展监督检查工作，切实把各项安全隐患和问题消灭在萌芽状态。只有通过扎实有效的监督检查，不断提升安全管理水平，才能为火力发电厂的安全生产提供坚实保障，推动企业实现高质量发展。

（二）安全隐患排查

在火力发电厂的运营过程中，开展全面、系统的安全隐患排查工作是保障生产安全、防范事故发生的关键环节。安全隐患排查需要遵循"全员参与、全过程控制、全方位覆盖"的原则，通过科学的方法和手段，及时发现和消除各类安全隐患，为火力发电厂的安全稳定运行提供坚实保障。

有效开展安全隐患排查工作，首先需要建立健全隐患排查治理体系。火力发电厂应成立以厂长为组长的安全生产委员会，统筹协调隐患排查治理工作。同时，要明确各部门、各岗位在隐患排查中的职责分工，形成"横向到边、纵向到底"的排查网络。各级管理人员和一线员工都要树立"隐患就是事故"的理念，将安全隐患排查作为一项常态化工作，融入日常管理和作业活动中。

其次，要采用多种方式，全方位开展安全隐患排查。一是要定期组织全面排查。火力发电厂可结合节假日、季节变换、设备检修等重要时间节点，组织开展全厂范围内的拉网式排查，对各车间、工段、班组进行地毯式搜索，不留死角、不留盲区。二是要突出重点部位和关键环节。对涉爆粉尘、有限空间、高处作业、受限空间等重点场所，要增加排查频次，加大排查力度。对重大危险源、关键设备、特种设备等，要制定专项排查方案，确保排查到位。三是要鼓励全员参与。要营造"人人讲安全、人人查隐患"的良好氛围，畅通隐患报告渠道，调动广大员工参与隐患排查的积极性。员工在日常巡检、点检、作业中发现的安全隐患，都应及时向上级报告。

再次，要规范安全隐患排查的程序和方法。隐患排查要做到有计划、有重点、有记录。在排查前，要根据国家法律法规、标准规范以及电厂实际，制定切实可行的排查计划，明确排查内容、排查重点、排查方法、排查频次等。在排查过程中，既要运用定性分析，如安全检查表法、经验判断法；也要采用定量监测，如利用红外热像仪、超声波检测仪等设备，科学评估设备设施的安全状态。排查人员要严格执行排查程序，认真填写隐患排查记录，详细描述隐患的部位、类型、危害后果等。

最后，要加强隐患的分级管控和闭环治理。对排查出的安全隐患，要按照"五定"原则（定人、定责、定措施、定时限、定标准），建立隐患治理台账，实行销号管理。要根据隐患的危害程度和发展趋势，将其划分为一般隐患和重大隐患，采取相应的管控措施。对一般隐患，要明确整改措施和责任人，限期整改；对重大隐患，要采取停产停工、局部或全部停电等强制措施，确保隐患得到有效管控。隐患整改完成后，还应组织复查验收，经确认符合要求后，方可销号结案。

（三）现场整改措施

火力发电厂运营过程中的现场整改措施对于保障安全生产、优化设备性能、提高发电效率至关重要。只有建立科学、规范、有效的现场整改机制，及时发现和消除各类安全隐患，才能从根本上预防事故发生，确保火力发电厂的安全、稳定、经济运行。

首先，应完善现场整改的组织管理体系。火力发电厂应成立以厂长为组长、各部门负责人为成员的现场整改领导小组，统筹协调整改工作的开展。同时，要明确各层级人员的整改职责，将整改任务落实到个人，形成"横向到边、纵向到底"的责任体系。领导小组要定期召开会议，开展整改进展汇报，研究解决重大问题，确保整改工作有序推进。

其次，要建立健全隐患排查和整改机制。火力发电厂要组织开展全面、系统的安全隐患大排查，对照法律法规、标准规范、操作规程等，逐一梳理生产工艺、设备设施、作业环境、人员行为等方面存在的问题，形成隐患清单和整改台账。对排查出的隐患，要按照"谁主管、谁负责"的原则，明确整改责任人、整改措施和完成时限，实行挂牌督办、逐一销号。对重大隐患和复杂问题，要制定详细的整改方案，采取有力措施，确保整改到位。

再次，应强化隐患整改过程管控。在隐患整改过程中，现场管理人员要深入一线，加强跟踪督导，及时掌握整改进展情况。对整改中出现的新情况、新问题，要及时采取应对措施，防止矛盾激化、问题升级。同时，要加强整改过程的安全管理，严格执行安全技术措施和操作规程，防止整改过程中发生次生事故。整改完成后，要组织开展验收评估，对整改质量和效果进行全面检查，对未达标的要限期整改，确保整改取得实效。

最后，要加大隐患整改的考核评价和奖惩问责力度。火力发电厂应将隐患整改纳入安全生产责任制考核体系，制定科学合理的考核指标和评价标准，对隐患整改工作进行定期考评，并与相关人员的绩效考核、奖金分配等挂钩。对工作不力、整改不及时的，要严肃追责问责；对整改成效显著的，要大力表彰奖励，充分调动全员参与隐患整改的积极性和主动性。

三、班组管理与团队协作

（一）班组管理制度

班组管理是火力发电厂安全生产的基础，是企业管理的重要组成部分。建立健全的班组管理制度，对于规范员工行为、提高工作效率、保障设备安全运行具有重要意义。一个科学、完善的班组管理制度应涵盖组织架构、岗位职责、工作流程、绩效考核等多个方面，形成一套系统化、规范化的管理体系。

在班组组织架构方面，应明确班组负责人、技术骨干、一般员工等不同层级人员的职责权限，建立起分工明确、相互配合的团队。班组负责人要发挥好领导和协调作用，合理分配任务，及时解决问题；技术骨干要起到传帮带的作用，帮助新员工尽快掌握业务技能；一般员工要服从指挥，积极配合，提高操作水平。通过层级分明、职责清晰的组织架构，形成有效的管理秩序。

岗位职责是班组管理的核心内容。每个岗位都要制定详细的职责说明书，明确规定员工的工作任务、操作规程、安全注意事项等。员工必须严格按照岗位职责开展工作，不得擅自变更操作步骤或超越权限范围。同时，还要建立岗位轮换机制，让员工通过轮岗掌握各工序的操作要领，提高员工掌握技能的全面性。清晰、具体的岗位职责有利于员工明确工作方向，规范自身行为。

规范化的工作流程是保障安全生产的关键。班组要针对不同工序制定标准作业程序，详细描述操作步骤、注意事项、异常处理等内容。特别是对于关键工序和安全风险点，要反复论证、反复演练，形成可复制、可监控的作业标准。员工必须严格遵守作业程序，准确执行每一个步骤，坚决杜绝违章作业。同时，班组还要定期开展流程优化，借鉴先进经验，持续改进工艺水平。规范的工作流程能够降低事故风险，提升安全管控能力。

科学合理的绩效考核是调动员工积极性、强化过程管理的重要手段。班组要建立多维度、全方位的考核指标体系，从安全生产、工作效率、技能提升等角度，全面评价员工表现。考核结果要与员工的晋升、薪酬、奖惩等直接挂钩，形成明确的激励约束机制。同时，绩效考核还要注重过程管控，及时发现问题，及时反馈改进，而不能仅仅关注结果。科学的绩效考核能够充分调动员工积极性，促进管理水平的不断提升。

（二）团队协作机制

团队协作是现代火力发电厂安全生产的重要保障。在复杂的生产系统中，任何一个环节出现问题都可能影响整个生产过程的安全运行。因此，建立健全的团队协作机制，发挥集体智慧，形成工作合力，对于预防事故、消除隐患、提升安全管理水平至关重要。

首先，需要明确分工、落实责任。火力发电厂涉及锅炉、汽轮机、电气等多个专业，各个工种、各个岗位的职责必须清晰界定，每个人都要明确自己的工作范畴和安全职责。同时，还要建立岗位协作制度，确保关键岗位之间信息共享、密切配合。例如，在设备检修过程中，运行、检修、安全等部门要通力合作，及时沟通，防范各类风险。

其次，要营造良好的团队氛围，增强凝聚力和向心力。团结协作的团队氛围有利于激发每个成员的工作热情，调动其主动性和创造性。班组长要以身作则，带头遵守规章制度，用人格魅力感召员工；要关心员工生活，及时为其排忧解难；要开展丰富多彩的文体活动，促进感情交流。只有员工个人利益与团队利益紧密结合，才能形成团结互助、众志成城的良好局面。

需要强调的是，班组既是生产组织的基本单元，也是安全管理的最前沿。班组管理水平在很大程度上决定着整个火力发电厂的安全生产形势。因此，必须高度重视班组建设，完善班务公开、民主管理等制度，充分发挥员工的主人翁意识。要建立科学的绩效考核制度，将安全指标、管理指标与个人利益挂钩，调动班组成员的积极性。只有以"一盘棋"的思想切实抓好班组管理，才能筑牢安全生产的基础。

（三）班组绩效考核

班组绩效考核是火力发电厂安全管理体系中的一个重要环节。它通过科学合理的考核指标和方法，对班组的安全生产状况进行全面评价，督促班组成员遵章守纪、规范操作，从而保障火力发电厂的安全稳定运行。同时，绩效考核还能激发班组成员的工作热情，调动其积极性和创造性，促进班组凝聚力和战斗力的提升。因此，建立健全班组绩效考核机制，对于夯实火力发电厂安全管理基础，提升本质安全水平具有重要意义。

构建科学合理的考核指标体系是班组绩效考核的基础。考核指标应全面覆盖安全管理的各个方面，包括安全知识掌握、操作规程执行、隐患排查治理、应急处置能力等。同时，指标设置还应兼顾定量和定性相结合，既要有可量化、易考核的硬指标，如安全培训出勤率、安全检查发现问题整改率等，也要有反映综合素质的软指标，如安全意识、团队协作等。此外，指标的权重分配也要科学合理，突出重点、区分层次。只有构建多维度、全覆盖的考核指标体系，才能真正实现对班组安全绩效的整体评价。

完善绩效考核的组织实施是提升考核实效性的关键。火力发电厂应成立专门的考核工作小组，制定详细的考核方案和实施细则，明确考核的流程、方法和结果运用。在考核过程中，要坚持公平公正原则，采取定期与不定期、现场与非现场相结合的方式，真实记录班组的安全绩效表现。考核结果应及时反馈给班组，并与员工薪酬分配、职业发展挂钩，形成良性的激励约束机制。同时，火力发电厂还应搭建绩效考核信息化平台，运用大数据技术实现考核全过程的智能化管理，提高考核的针对性和有效性。

绩效考核的生命力在于持续优化和改进。火力发电厂应根据安全管理的新形势、新要求，以及班组的实际情况，定期对考核指标和方法进行评估和调整，使之更加科学、更加贴近实际。要鼓励和引导班组成员积极参与考核体系的建设，提出合理化建议，形成多方参与、共同推进的良好局面。只有通过不断改进考核工作，才能充分发挥绩效考核的导向作用，激励班组成员主动提升安全素养，自觉遵守安全规程。

第四节　自然灾害与外部威胁

一、地震对火力发电厂的影响及应对措施

（一）地震对火力发电厂的影响

地震作为一种突发性的自然灾害，对火力发电厂结构的破坏是巨大而深远的。强烈的地震会导致发电厂建筑物和设备设施的损毁，严重威胁电力生产和供应的安全稳定。火力发电厂主厂房、冷却塔、烟囱等关键设施一旦在地震中倒塌或损坏，不仅会造成巨额经济损失，而且可能引发次生灾害，如火灾、爆炸等，后果不堪设想。

从建筑结构的角度分析，地震对火力发电厂的破坏主要体现在两个方面：一是地震引起的地面振动和位移，二是地震诱发的地质灾害。强烈的地面运动会使火力发电厂建筑物产生剧烈的水平和垂直振动，超过其抗震设防标准，导致结构变形、开裂甚至倒塌。同时，地震还可能引发建厂场地的地质灾害，如地面塌陷、滑坡、液化等，进一步加剧建筑物的破坏程度。特别是当火力发电厂选址不当，如建在断层带或软弱地基上时，其结构的抗震性能将大打折扣，更易在地震中遭受毁灭性打击。

除了建筑结构，地震对火力发电厂内部精密设备的破坏也不容小觑。锅炉、汽轮机、发电机等大型旋转设备在地震中极易发生位移、倾斜或倒塌，导致设备报废或功能丧失。而这些设备往往造价昂贵、更换周期长，一旦损毁将给电力企业带来巨大经济损失，导致电力供应困难。此外，控制室内的精密仪表、电气设备也难以承受强烈震动，其损坏将直接影响火力发电厂的安全监控和正常运行。

(二)地震灾害的应对措施

地震是火力发电厂面临的重大自然灾害之一,其突发性、破坏性和不可预测性对火力发电厂的安全运营构成了严峻挑战。一旦地震发生,火力发电厂不仅要应对设备损毁、人员伤亡等直接影响,而且要防范由此引发的次生灾害,及时恢复电力供应,维护社会稳定。因此,建立完善的地震应急响应机制,是确保火力发电厂安全、高效运转的关键所在。

火力发电厂地震应急响应的首要任务是迅速判断地震影响程度,评估设备受损情况。这需要建立健全的地震监测和预警系统,利用先进的传感器技术和数据分析算法,实时监控火力发电厂所在区域的地震活动,及时发出预警信号。同时,还要定期开展地震风险评估,针对关键设施和薄弱环节制定针对性的加固措施,提高抗震能力。一旦监测到强震信号或发现设备损毁,要立即启动应急预案,组织人员撤离,切断危险电源,防止事故扩大。

地震发生后,火力发电厂要快速查明受灾情况,评估损失程度。这需要建立专业的地震灾害调查和损失评估团队,配备先进的检测设备和分析软件,全面收集地震烈度、设备损毁、人员伤亡等第一手资料。在此基础上,要及时编制灾情报告和损失评估报告,为后续抢险、救援、修复等工作提供决策依据。与此同时,还要加强与地方政府、电网公司、设备制造商等外部机构的沟通协调,及时获取地震动参数、电网受损情况、备品备件供应等关键信息,为应急处置提供有力支撑。

在抢险救援阶段,火力发电厂要快速组织力量,开展设备抢修和人员救助工作。这需要提前制定周密的抢险救援预案,明确各部门职责分工和协同机制,确保在地震发生后能够迅速响应、高效行动。要充分利用现代化的抢险装备和技术手段,如无人机侦察、生命探测仪探测等,提高搜救效率和精准度。对于受损的关键设备,要快速查明故障原因,采取应急修复措施,尽快恢复其功能。同时,还要做好受灾人员的医疗救助和心理疏导工作,最大限度地减少人员伤亡,缓解心理创伤。

地震应急处置的最终目标是尽快恢复电力生产和供应。这需要火力发电厂制定完善的恢复重建计划,综合考虑设备损毁程度、电网恢复情况、电力需求预测等因素,合理安排发电机组检修和投产时序。要充分发挥技术创新和管理创新的作用,采用先进的检测、维修技术,优化生产运营流程,提高发电效率和电能质量。同时,还要加强与电网调度机构的信息对接,根据电网恢复情况和负荷需求,动态优化发电计划,确保电力系统的平稳运行。

二、洪水对火力发电厂的威胁及防范策略

(一)洪水对火力发电厂的主要威胁

洪水对火力发电厂设备的破坏是多方面的,其破坏机理复杂,危害严重。当洪水漫过发电厂厂区时,大量的泥沙、漂浮物会随洪水涌入,堵塞冷却水管道、阻断冷却水循环,导致机组因缺乏冷却而被迫停运。同时,洪水的冲刷还会破坏冷却塔的填料,降低冷却效率。洪水携带的泥沙和杂物还会堵塞冷凝器的换热管,影响冷凝器的换热性能,进而影响汽轮机组的运行效率。

除了对冷却系统的破坏之外,洪水对火力发电厂的电气设备危害同样巨大。洪水浸泡变压器、断路器等高压电气设备,会破坏其绝缘性能,引发短路、放电等严重事故。洪水

中的杂质还会侵入电气设备的内部，加速其老化和损坏。一旦这些关键电气设备损坏，火力发电厂就难以维持正常运转。

洪水对火力发电厂土建结构的破坏更为直接。洪水的巨大冲击力会损毁厂房、道路等建筑物，动摇发电设备的基础。浸泡洪水还会降低建筑材料的强度，加速混凝土结构的老化。一旦火力发电厂的土建结构遭到破坏，设备就失去了可靠的支撑和保护。

洪水灾害对火力发电厂的破坏往往具有连锁效应和放大效应。冷却系统的损坏会导致发电效率下降，燃料系统的损坏会导致"缺煤限电"，土建结构的破坏会导致设备损毁，电气设备的损坏又会导致整个电站瘫痪。这些破坏相互影响，相互促进，最终可能酿成灾难性的后果。

（二）洪水灾害的防范策略

洪水对火力发电厂的危害巨大，其破坏力和影响范围远超地震、台风等其他自然灾害。暴雨和山洪暴发时，汹涌的洪流携带着泥沙、漂浮物，冲击发电厂建筑物和重要设备，严重时可导致主厂房进水、设备损毁，甚至引发次生灾害。因此，建立完善的防洪体系，已成为保障火力发电厂安全稳定运行的头等大事。

科学合理的防洪措施需要从洪水灾害的特点出发，针对性地制定应对方案。首先，要加强火力发电厂选址的科学论证，尽量避开洪水多发区和地势低洼地带，或通过填高场地等工程措施提高抗洪能力。其次，要做好厂区排水系统的设计和建设，保证暴雨和洪水能够及时、有序排出，避免内涝灾害的发生。在排水沟、涵洞等排水构筑物的布置上，要充分考虑汇水面积、降雨强度等因素，并预留足够的安全裕度。

在洪水来临时，及时启动应急预案也至关重要。要建立健全的洪水监测预警机制，密切关注天气变化和上游来水情况，提前预判洪水规模和影响程度。一旦接到洪水预警，要立即启动应急响应，组织人员撤离，转移重要物资，关闭有风险的设备，最大限度减少洪水带来的损失。同时，还要加强与地方防汛部门的沟通协调，及时获取防汛信息，争取外部支援。

从长远看，提高火力发电厂的防洪能力还需要加强基础研究和技术创新。要深入分析洪水灾害的形成机理和演变规律，研发先进的洪水监测、预警、防控技术，不断完善防洪工程设计和施工方法。利用大数据、物联网等新兴技术手段，建立洪水灾害风险评估和防控决策支持系统，为防洪工作提供智力支撑。此外，还要加强防洪知识的宣传教育，提高全员防洪意识和自救互救能力，将防洪工作落实到每个岗位、每个人。

三、台风和暴风雪对火力发电厂的影响及应急预案

（一）台风和暴风雪对火力发电厂的影响

1. 台风对火力发电厂的影响

台风作为一种强烈的热带气旋，其强大的风力和伴随的暴雨常常会对火力发电厂的设施造成严重破坏。暴风雨中的强风可能会吹倒电线杆、损坏输电线路，导致电力传输中断；狂风还可能掀起屋顶、毁坏建筑物，危及火力发电厂工作人员的生命安全。此外，台风带

来的暴雨通常会引发洪水，淹没发电设备，造成设备短路、损坏，影响发电效率。风雨的共同作用还可能引发泥石流、滑坡等次生灾害，阻断运煤通道，影响燃料供给，进而影响火力发电厂的正常运转。

为了最大限度地减轻台风灾害，火力发电厂在选址阶段就需要充分考虑所在区域的地形地貌特征和气候条件，尽量避开台风多发地区。在厂区建设中，应当严格按照抗台风设防标准设计和施工，加强建筑物的稳固性和防水性。输电线路应选用优质材料，提高电线杆的抗风能力，确保输电系统的稳定运行。位于台风高风险区域的火力发电厂还应储备足够的应急物资，如备用发电机、抢险设备等，以提高抵御台风灾害的应急保障能力。

火力发电厂还需建立完善的台风预警和应急响应机制。通过与气象部门的紧密合作，及时获取台风动向信息，提前采取防范措施。当台风来临时，要严密监控厂区内外情况，及时疏散人员，切断危险电源，必要时还需停止运行，确保生产安全。台风过后，要抓紧开展灾后重建，抢修受损设备，恢复正常的生产秩序。同时，要认真总结经验教训，查找薄弱环节，进一步完善防范措施，提高火力发电厂的整体抗灾能力。

此外，火力发电厂还应重视生态环境保护，在台风多发季节做好环境应急监测。强降雨可能会冲刷煤场，产生大量煤矸石废水，造成水体污染。对此，火力发电厂需采取围堰拦截、沉淀处理等措施，最大限度地控制污染物外排，保护周边水环境。狂风暴雨还可能加剧煤粉的散落，造成扬尘污染。因此，火力发电厂要做好煤粉的密闭存储和运输，配备除尘设施，有效控制大气污染物的排放。

2. 暴风雪对火力发电厂的影响

暴风雪作为一种极端天气现象，其突发性和破坏力对火力发电厂的安全运营构成了严重威胁。暴风雪不仅会导致发电设备的损坏，影响电力供应的稳定性，还可能危及工作人员的生命安全。因此，深入分析暴风雪对火力发电厂运营的影响，探讨有效的应对策略，对于保障电力系统安全、维护社会稳定具有重要意义。

从设备安全角度看，暴风雪会对火力发电厂的关键设施造成直接损害。一方面，狂风裹挟的冰雪颗粒会对锅炉、汽轮机等核心设备造成冲击和磨损，加剧材料疲劳和老化，降低设备使用寿命；另一方面，大量积雪还可能阻塞火力发电厂的进风口和烟道，影响锅炉的燃烧效率和废气排放，甚至引发设备事故。此外，暴风雪天气下输电线路的覆冰和积雪也会增加线路载荷，导致电力传输损耗增大，严重时还可能引发线路断裂或倒塌，影响电网稳定运行。

从人员安全角度看，暴风雪天气会给火力发电厂工作人员的作业环境带来极大挑战。受大风大雪影响，火力发电厂室外作业环境恶劣，重要设备的巡检、维护难度大大增加。作业人员在低温、低能见度环境下工作，不仅面临着冻伤、滑倒等安全风险，其警惕性和应变能力也会有所下降，容易引发人为操作失误。同时，暴风雪天气下道路通行受阻，上下班交通困难，员工的出勤率难以保证，这也会影响火力发电厂的正常运转。

从生产运营角度来看，暴风雪天气下火力发电厂面临的最大挑战是燃料供应不足。火力发电厂需要源源不断的燃料输入维持机组连续运行，但在暴风雪天气下，铁路、公路等燃料运输通道可能中断，煤炭供应难以为继。一旦燃料储备不足，发电机组就可能被迫降负荷甚至停机，严重影响电力生产计划的执行。与此同时，机组的频繁启停和负荷调整也会加剧设备的磨损，对发电效率和设备可靠性产生不利影响。

面对暴风雪天气的严峻挑战，火力发电厂必须建立完善的极端天气应急预案。首先，要加强对极端天气的监测预警，及时掌握暴风雪的发展趋势，为应急决策提供依据。其次，要提前做好物资储备和设备检修工作，确保发电机组处于最佳工作状态，并储备足够的燃料和备品备件。最后，要合理调配人力资源，加强员工防寒防滑培训，确保关键岗位 24 h 有人值守。此外，还要与当地政府、电网公司保持密切沟通，协调救援资源，做好事故应急处置准备。

（二）台风和暴风雪灾害的应急预案

应急预案是火力发电厂应对台风和暴风雪等极端天气事件的重要保障。面对台风的强风和暴雨，火力发电厂需要提前制定周密的防范措施，确保人员安全和设备正常运转。首先，应急预案要明确台风预警信息的接收和处理流程，建立信息共享机制，确保指挥部门能够及时掌握台风动向，作出正确决策。其次，应急预案要对火力发电厂的关键设施进行风险评估，识别薄弱环节，提前采取加固、防水等措施，提高抵御台风的能力。最后，应急预案还需要规范人员撤离和设备停运的操作流程，确保在台风来临前及时疏散人员，停止高风险作业，避免次生灾害的发生。

暴风雪同样会对火力发电厂的运营构成严重威胁。大量积雪不仅会阻塞道路，影响物资运输和人员出行，还可能导致厂房屋顶坍塌、冷却塔和输电线路损坏等后果。因此，火力发电厂的应急预案必须充分考虑暴风雪的特点，提前做好防范准备。这包括储备足够的除雪设备和人力，制定道路清理方案，确保应急物资和人员及时到位；加强对厂房、冷却塔等关键设施的巡查和维护，及时清除积雪，消除安全隐患；优化燃料储备和供应策略，提高燃料的可靠性，防止供应中断影响发电；完善电网调度和负荷管理措施，保障电力系统稳定运行。

事实上，一份科学、有效的应急预案不仅需要考虑单一灾害因素，更需要从综合风险管理的角度出发，统筹应对多种极端事件的复合影响。这就要求火力发电厂在制定应急预案时，充分借鉴历史经验和运用前沿技术，对可能出现的各类风险进行系统分析和情境模拟，评估各种应急策略的可行性和有效性，构建多层级、模块化的应急响应体系。同时，应急预案还需要强化部门协同和社会联动，整合政府、企业、社区等多方力量，形成统一指挥、分工合作、快速反应的应急管理格局。

应急预案并非一成不变，而是需要在实践中不断完善和优化。火力发电厂要定期组织应急演练，检验预案的可操作性和员工的应急处置能力，及时发现和解决存在的问题。同时，还要加强应急知识的宣传和培训，提高全员的风险意识和自救互救技能，营造良好的安全文化氛围。只有将应急预案落到实处，转化为全体员工的自觉行动，才能真正提升火力发电厂的综合防灾减灾能力，确保电力生产和供应的安全稳定。

四、电力网络攻击及信息安全防护

（一）网络攻击的类型

网络攻击是指恶意用户或组织利用各种技术手段，试图破坏或非法访问计算机网络系统，窃取、篡改或销毁数据，中断服务，获取非法利益的行为。随着信息技术的迅猛发展和互联网的广泛应用,网络攻击手段也日趋多样化和复杂化,给各行各业的网络安全带来了严峻挑战。火力发电厂作为关系国计民生的重要基础设施,其网络系统一旦遭受攻击,后果将不堪设想。因此,深入分析火力发电厂面临的网络攻击类型,增强网络安全防范意识,采取有效的防护措施,对于保障电力安全生产、维护社会稳定具有重要意义。

从攻击对象看,火力发电厂的网络系统主要面临三类攻击:一是针对工业控制系统的攻击。现代火力发电厂普遍采用分散控制系统(distributed control system,DCS)等工业控制系统来实现生产过程的自动化控制。这些系统虽然通常在相对封闭的网络环境中运行,但仍存在被入侵的风险。攻击者一旦控制了DCS,就能任意干扰锅炉、汽轮机等关键设备的运行,甚至引发重大事故。二是针对信息管理系统的攻击。火力发电厂的日常管理高度依赖计算机信息系统,涉及生产调度、设备维护、能耗统计等多个环节。攻击者通过窃取或篡改这些系统中的数据,可能误导管理决策,给企业带来经济损失。三是针对办公网络的攻击。火力发电厂的办公网络与互联网相连,员工使用的个人电脑、移动设备等都可能成为攻击目标。攻击者借此渗透内部网络,窃取敏感信息,危及企业安全。

从攻击手段看,火力发电厂常见的网络攻击类型包括病毒、木马、后门程序、拒绝服务、中间人攻击等。其中,病毒、木马、后门程序等恶意代码通过U盘、邮件等途径传播,一旦侵入系统,就会自我复制、破坏数据、窃取信息。拒绝服务攻击则利用大量垃圾数据流堵塞网络通道,导致业务系统瘫痪。中间人攻击是指攻击者通过ARP(address resolution protocol)欺骗、DNS(domain name system)欺骗等手段截获通信数据,实现监听、篡改。除此之外,火力发电厂还可能面临社会工程学攻击,即攻击者利用人的心理弱点,通过欺骗、引诱等方式获取账号密码,进而入侵系统。

从攻击动机看,针对火力发电厂网络系统的攻击可分为经济利益驱动型、政治目的驱动型和恶意破坏型等。经济利益驱动型攻击旨在通过勒索、敲诈、挖矿等手段牟取非法利益,给企业造成直接经济损失。政治目的驱动型攻击往往由国家或组织实施,通过破坏关键基础设施,扰乱社会秩序,达到特定的政治目的。恶意破坏型攻击则纯粹出于攻击者的个人情绪或好奇心理,虽然并不追求特定利益,但同样会对系统运行和数据安全构成威胁。

面对日益严峻的网络安全形势,火力发电厂必须高度重视,采取有效措施,全面加强网络安全防护。一方面,要建立健全网络安全管理制度,明确责任主体,规范人员行为,加强安全教育培训,提高全员网络安全意识;另一方面,要部署先进的安全防护技术,如防火墙、入侵检测、数据加密、身份认证、访问控制等,及时发现和阻断各类攻击行为。此外,还要加强威胁情报的收集与分析,掌握最新的攻击手段和趋势,做好安全预警和响应准备。

(二)信息安全防护措施

火力发电厂的信息安全防护是一项复杂而系统的工程,需要从技术、管理、人员等多个层面入手,构建全方位、立体化的防护体系。首先,要建立健全信息安全管理制度,明确各部门、各岗位的职责权限,规范信息系统的开发、使用、维护等各个环节,强化全员信息安全意识。同时,要定期开展信息安全风险评估,及时发现并消除系统中的安全隐患,做好信息安全等级保护和灾备恢复工作,最大限度地降低安全事故对火力发电厂运营的影响。

技术层面的防护措施是信息安全的重中之重。要采用先进可靠的网络安全设备，如防火墙、入侵检测系统等，对内外网边界进行严格控制，防止未经授权的访问和攻击。对于关键信息系统，要实施主机加固，及时修复操作系统和应用程序中的安全漏洞，并采用专用的安全产品实时监控资产安全状态。在数据安全方面，要做好数据分类分级，对重要数据进行加密存储和传输，并建立完善的数据备份与恢复机制。此外，还要重视工控系统的安全防护，采用纵深防御理念，在物理隔离的基础上实现逻辑隔离，确保工控网络与外部网络安全可控。

人是信息安全的薄弱环节，因此必须高度重视人员安全管理。要加强信息安全教育培训，提高全体员工的安全防范意识，加强技能培训，引导其养成良好的安全行为习惯。对于核心岗位人员，要从道德品质、专业能力等方面严格把关，并实行权限最小化原则，防止内部人员泄密或破坏。同时，要建立信息安全监督和奖惩机制，及时发现和处置违规行为，营造良好的信息安全氛围。

在实施各项安全防护措施的基础上，火力发电厂还要重视信息安全的监测与审计。要充分利用安全信息和事件管理（security information and event management，SIEM）系统，实时采集各信息系统的日志数据，智能化关联分析可疑行为，快速发现和响应安全事件。定期开展信息系统渗透测试和代码审计，主动检测防护体系中的薄弱环节，为改进安全措施提供依据。同时，积极参与国家网络安全信息共享，并与同行开展安全情报交流，时刻保持对最新网络安全威胁的警惕和防范。

火力发电作为关系国计民生的重要行业，其信息系统安全事关社会稳定和能源供给，容不得半点闪失。因此，必须高度重视信息安全防护，将其视为火力发电厂安全生产的重要组成部分。只有从制度、技术、人员等多个维度构建纵深防御体系，并常抓不懈、持续改进，才能筑牢火力发电厂的信息安全防线，确保电力系统安全、稳定、可靠运行。面对日益严峻的网络安全形势，火电企业更要积极应对挑战，加大资金和人力投入，探索具有行业特色的信息安全防护之路，为保障国家能源安全贡献力量。

第三章 火力发电厂的安全管理体系

第一节 安全管理的基本原则

一、预防为主原则

预防为主原则通过加强设备检查、定期维护、工艺改进等措施，尽可能消除事故隐患，防止事故的发生。

（一）风险识别

火力发电厂的安全生产离不开科学、系统的风险识别和评估。作为安全管理体系的重要组成部分，风险识别旨在全面、及时地发现生产运行过程中存在的各类危险有害因素，为制定有针对性的预防和控制措施奠定基础。火力发电厂应建立完善的风险识别机制，采用多种方法和手段，从人、机、料、法、环等不同维度入手，深入排查事故隐患，并对其进行分类和分级管理。

具体而言，火力发电厂可以运用安全检查、隐患排查、危害辨识等方法，对生产现场进行全方位、多角度的安全风险梳理。通过定期开展设备设施安全检查，及时发现和消除机械、电气等方面的安全隐患；通过工艺流程和作业环节的危害辨识，识别工艺参数超标、操作失误等导致事故的风险因素；通过对从业人员的行为观察和分析，判断其不安全行为发生的可能性及其后果严重性。在此基础上，火力发电厂还应积极引入风险评估的量化方法和工具，如失效模式与影响分析、危险与可操作性分析（hazard and operability study，HAZOP）等，对识别出的风险进行科学评估和分级管控，制定"一险一策"的针对性管控方案。

（二）预防措施

预防工作的有效开展，离不开先进技术手段的应用。现代化的火力发电厂应积极引进和应用各种安全监测和预警系统，如DCS、安全仪表系统（strategic information system，SIS）、设备状态监测系统等。这些系统能够实时监测设备运行参数和状态，对异常情况进行及时预警，为事故预防提供有力的技术支撑。此外，大数据分析、人工智能等新兴技术在设备故障诊断和预测性维护方面也有广阔的应用前景。火力发电厂可以通过分析海量的设备运行数据，建立故障预测模型，提前发现设备的潜在问题并及时处理，从而最大限度地减少事故发生的可能性。

（三）应急预案

应急预案是火力发电厂安全管理体系中的重要组成部分。它是指在突发事件发生时，为最大限度减少人员伤亡、财产损失和环境破坏，快速、有序、高效地组织应急救援行动而预先制定的行动方案。应急预案的编制和实施，是提高火力发电厂应对突发事件能力、保障电力生产安全稳定运行的关键举措。

应急预案的编制应以风险评估为基础，全面识别和分析火力发电厂生产过程中存在的各类风险因素，科学预测可能发生的突发事件类型、影响范围和危害程度。在此基础上，针对不同的突发事件情境，制定相应的应急处置流程、营救措施和保障机制。应急预案应涵盖事故预防、应急准备、应急响应、后期处置等各个环节，明确各部门、各岗位的职责分工和协同配合机制，确保在突发事件发生时能够快速启动、有序运转。

应急预案的有效实施离不开定期的培训演练。通过开展应急知识培训和实战演练，火力发电厂可以提高全员的安全意识和应急处置能力，检验应急预案的可操作性和针对性，及时发现和修正预案中存在的问题。演练情况的评估总结，也为应急预案的持续完善提供了重要依据。通过"编制—演练—评估—修订"循环迭代的过程，应急预案的科学性、实用性和可靠性将不断提升。

当然，应急预案不是一成不变的。随着火力发电厂生产工艺、设备设施、人员配置等的变化，原有的应急预案可能难以完全适应新的风险状况。因此，应急预案必须坚持动态管理，根据风险评估结果和演练情况的反馈，及时修订完善。只有紧跟火力发电厂实际，与时俱进地优化应急预案，才能真正发挥其在应急管理过程中的重要作用。

二、持续改进原则

持续改进原则是指不断优化安全管理制度和工作流程，借助新技术、新设备提高安全水平，全面提升管理水平和责任意识。

（一）改进措施

火力发电厂运营中，持续改进的原则是安全管理体系建设的重要组成部分。只有坚持不懈地推进安全管理改进，不断查找和消除安全隐患，完善安全管理制度和流程，才能真正实现安全生产的目标。改进措施的制定和实施需要建立在科学、系统的安全绩效评估基础之上。

改进措施应该覆盖安全管理的各个方面，包括安全制度、作业流程、设备设施、人员培训、应急响应等。在安全制度方面，要根据法律法规要求和内外部环境变化，及时修订和完善安全管理制度，使之更加科学、合理、可操作；在作业流程方面，要优化工艺流程，消除作业过程中的安全隐患，为员工创造安全的作业环境；在设备设施方面，要加大安全投入，及时淘汰落后设备，引进先进的安全技术和装备，提高安全水平；在人员培训方面，要强化全员安全意识和技能，定期开展安全教育和应急演练，不断提升员工安全素养；在应急响应方面，要完善应急预案，配备必要的应急物资和装备，提高对安全生产事故的快速反应和有效处置能力。

（二）反馈机制

反馈机制是持续改进安全管理体系不可或缺的环节。它通过收集、分析和评价安全管理绩效数据，及时发现管理中存在的问题和不足，并据此制定针对性的整改措施，形成"计划—执行—检查—改进"的闭环管理模式。

从信息收集来看，反馈机制重在全面、及时、准确地获取安全管理绩效数据。这就要求建立多渠道、多层次的信息收集网络，综合运用现场检查、问卷调查、访谈、座谈等方式，广泛听取一线员工、基层管理者的意见和建议。同时，还应充分利用信息化手段，通过在线监测系统、移动终端App等实时采集、传输安全生产数据，提高信息收集的效率和精准度。只有基于翔实可靠的一手资料，后续的分析评价才能做到客观中肯，改进措施才能更加精准有效。

从结果分析看，反馈机制强调运用科学方法，深入剖析安全管理中的薄弱环节和潜在风险。这就需要组建一支专业能力强、实践经验丰富的安全管理团队，全面掌握统计学、管理学等分析工具和方法。在具体分析过程中，要坚持问题导向，聚焦重点领域和关键环节，揭示引发事故的深层次原因，挖掘管理体系存在的系统性、根源性问题。同时，分析还应立足全局，纵向捋清问题的形成链条，横向研判问题的传导途径，提出系统优化和改进的思路。唯有如此，才能最大限度地堵塞管理漏洞，从源头上防范各类安全风险。

从整改落实看，反馈机制注重"改"字当头，切实解决暴露出的突出矛盾和问题。对于排查出的安全隐患，必须明确整改责任人、整改措施、整改时限，做到"五落实"，确保整改到位、彻底销号。对于梳理出的体制机制问题，要从完善制度、健全标准、优化流程、强化培训等方面系统施策，构建长效机制，标本兼治。在整改落实过程中，还应加强督导检查和"回头看"，对整改不及时、不彻底的，要严肃追责问责，形成持续改进、精益求精的高压态势。只有持之以恒地抓好整改，将隐患消灭在萌芽状态，才能筑牢安全生产的坚实防线。

三、法规遵循原则

法规遵循原则主要是指严格遵守相关法律法规和安全标准，确保所有生产活动符合规定，避免发生违法违规行为。

（一）法规识别

法规识别是火力发电厂安全管理体系的重要组成部分，对于确保企业合法合规运营、预防和控制安全风险具有重要意义。在新时代背景下，随着国家法律法规体系的不断完善和安全生产要求的日益提高，火力发电厂必须高度重视法规识别工作，将其作为安全管理的基础和前提。

法规识别是安全管理依法依规、科学高效的重要前提。火力发电厂要充分认识其重要性，将其作为提升安全管理水平的突破口和着力点。唯有建立起完善的法规识别体系，切实转化运用法规要求，才能筑牢安全生产的法治根基，为企业持续健康发展保驾护航。

（二）合规审查

具体而言，合规审查主要包括以下几个方面的内容：一是全面识别适用于火力发电厂安全生产的法律法规、标准规范。火力发电厂需要系统收集国家层面颁布的《中华人民共和国安全生产法》《中华人民共和国电力法》等法律，以及国家能源局、应急管理部等部门发布的火力发电厂安全生产相关规章制度、技术标准。同时，还要关注地方政府出台的有关安全生产的政策文件。二是深入分析火力发电厂内部管理制度的合规性。火力发电厂要对照法律法规的要求，全面梳理内部的安全管理制度、操作规程、应急预案等，查找其中存在的与上位法不一致、不衔接的问题，并予以修订完善。三是严格评估火力发电厂安全管理的执行情况。火力发电厂要通过现场检查、查阅资料、访谈人员等方式，全面评估各项安全管理措施落实的情况，对照法律标准要求查找差距和不足，制定整改方案。四是积极开展合规宣传贯彻培训。火力发电厂要将外部法律法规和内部管理制度的要求传达给每一位员工，通过培训讲座、案例分析等多种形式，提高全员的合规意识和安全技能。

（三）法律培训

法律培训需要覆盖安全管理的各个层面和对象。从管理层角度看，火力发电厂高层领导和管理干部必须深入学习安全生产、环境保护、职业健康等方面的法律法规，准确把握国家政策导向，及时调整内部管理制度和措施，为火力发电厂的安全合规运营提供坚实保障；从专业技术人员角度看，他们是火力发电厂安全生产的中坚力量，必须熟悉与本岗位相关的法律标准和技术规范，严格遵守操作规程，确保自身行为的规范性和安全性；从普通员工角度看，要通过多种形式的普法教育，帮助他们树立安全第一、预防为主的意识，掌握必要的法律知识，自觉遵纪守法，养成安全文明的行为习惯。

法律培训的形式和内容也要与时俱进，紧跟法律法规的最新变化和实践发展的步伐。传统的集中授课固然必不可少，但也要积极探索网络培训、案例研讨、情境模拟等灵活多样的培训方式，提高培训的吸引力和实效性。培训内容既要涵盖普遍适用的安全生产法律法规，如《中华人民共和国安全生产法》《中华人民共和国消防法》等，也要突出体现电力行业和火力发电企业的特殊要求，如《中华人民共和国电力法》《电力安全生产规程》等。对于重大变化的法律法规，还要及时组织专题培训，确保第一时间传达、理解、落实到位。

第二节　安全管理的组织结构

一、安全管理委员会的职责与构成

（一）委员会职责

安全管理委员会作为火力发电厂安全管理体系的最高决策机构，对于确保火力发电厂安全生产、防范事故发生具有重要意义。委员会的主要职责包括制定安全管理的总体方针和目标、审议批准安全管理制度和规程、督促检查安全管理工作的落实情况、协调解决安全管理中的重大问题等。

为了有效履行这些职责，安全管理委员会需要建立科学合理的工作机制。定期召开会议是委员会履职的重要形式，通过会议研究部署安全管理工作，分析评估安全形势，研究解决安全管理过程中出现的新情况、新问题。会议应由委员会主任主持，各成员单位负责人参加。对于重大安全决策和事项，要通过会议集体讨论、民主决策，防止出现个人或少数人说了算的现象。

委员会还应建立健全安全信息报告和共享机制，及时掌握火力发电厂安全动态。各成员单位要定期向委员会报告本单位的安全管理情况，重大安全隐患和事故要立即报告。委员会办公室要建立安全信息管理平台，将各单位上报的信息进行汇总分析，形成安全管理月报、季报，为委员会决策提供依据。同时，委员会还要加强与政府安全监管部门的沟通协调，及时获取安全监管政策和信息，争取监管部门对火力发电厂安全工作的支持和指导。

安全事故的调查处理是安全管理委员会的另一项重要职责。一旦发生安全事故，委员会要迅速启动应急预案，成立事故调查组，查明事故原因，分清责任，提出整改措施。对于事故责任人，要按照"四不放过"原则严肃追责，绝不姑息迁就。同时，委员会还要举一反三，督促各单位深刻吸取事故教训，完善安全管理制度和措施，防止类似事故再次发生。

此外，委员会还应重视安全文化建设，营造全员重视安全、人人讲安全的良好氛围。通过开展安全宣传教育、安全知识竞赛、安全生产月等活动，普及安全知识，传播安全理念，提高广大员工的安全意识和技能。对在安全管理工作中作出突出贡献的单位和个人，委员会要大张旗鼓地表彰奖励，发挥示范引领作用，激励更多的人投身安全管理事业。

安全无小事，责任重于泰山。火力发电厂安全管理委员会肩负着维护火力发电厂安全生产的重大责任，必须以高度的责任感和使命感，认真履行安全管理职责，为火力发电厂的安全稳定运行提供坚强保障。安全管理委员会只有充分发挥作用，建立健全安全管理体系，营造良好的安全文化氛围，才能为火力发电厂的可持续发展奠定坚实基础，为保障国家能源安全、服务经济社会发展做出应有的贡献。

（二）委员会构成

安全管理委员会作为火力发电厂安全管理体系的核心，在维护火力发电厂安全运营的过程中发挥着不可替代的作用。委员会由火力发电厂管理层、各部门负责人以及安全管理专业人士组成，涵盖了决策层、执行层和监督层等不同层级。这种组织构成有利于实现自上而下的安全管理，确保安全理念和措施在各个层面得到有效落实。

管理层参与是委员会构成的关键。火力发电厂高层管理人员，如厂长、副厂长等，是安全管理的决策者和推动者。他们在委员会中担任重要角色，负责制定安全管理的总体目标和策略，审批安全管理计划和预算，并为安全管理工作提供必要的资源保障。管理层的参与不仅彰显了火力发电厂对安全的高度重视，更有助于在全厂范围内营造"安全第一"的文化氛围。

各部门负责人是委员会构成的另一重要组成部分。火力发电厂各部门，如生产部、设备部、技术部等，在安全管理过程中承担着直接的执行责任。将部门负责人纳入安全管理委员会，能够确保安全管理措施在各部门得到全面、准确的落实。同时，部门负责人也可以将本部门的安全隐患和建议及时反映给委员会，形成自下而上的信息反馈机制，为安全决策提供依据。

安全管理专业人士是委员会不可或缺的专业支持力量，通常包括安全工程师、安全管理师等专业人员，具备丰富的安全管理理论知识和实践经验。专业人士可以为委员会提供安全管理方面的咨询建议，协助制定科学合理的安全管理制度和操作规程，并对安全管理的实施情况进行监督和评估。专业人士的参与能够提升委员会决策的专业性和可行性，确保安全管理工作沿着正确方向推进。

除上述成员外，安全管理委员会还可以根据需要吸纳其他相关方代表，如工会代表、员工代表等。广泛吸收利益相关方参与安全管理，有利于增强委员会工作的透明度和公信力，调动全员参与安全管理的积极性。员工代表可以直接反映一线员工的安全诉求，工会代表则可以在维护员工安全权益方面发挥重要作用。

二、安全管理部门的设置与职能

（一）部门设置原则

火力发电厂安全管理部门的设置应遵循科学性、系统性和针对性的原则。科学性要求部门设置必须符合安全管理的客观规律，尊重火力发电厂生产运行的实际需要。只有建立在科学分析和论证基础之上的组织机构，才能确保安全管理工作的有效开展。系统性原则强调安全管理部门不是孤立存在的，而是火力发电厂整体管理体系中的有机组成部分。部门设置时要统筹兼顾，做到分工明确、职责清晰、协调配合，形成有条理的、高效运转的安全管理机制。针对性原则则要求安全管理部门的设置必须紧密结合火力发电厂的生产特点和风险特征，有的放矢地开展工作。不同类型、不同规模的火力发电厂，其面临的安全风险不尽相同，因此安全管理部门的设置也应有所侧重。

履行安全管理职责需要多个专业部门的通力合作。设置安全监督管理部、安全生产技术部、应急管理部等专门机构，分别负责安全管理的监督检查、技术支持、应急处置等重点工作，是保障火力发电厂本质安全的必然要求。同时，电力行业瞬息万变的市场环境对企业安全管理也提出了更高要求，火力发电厂应根据内外部安全环境的变化，及时调整和优化部门设置，强化机构职能，为安全生产提供必要的组织保障。

从纵向角度看，安全管理部门应构建起分层管理、逐级负责的运行机制。一般来说，火力发电厂安全管理呈现"厂—部门—车间—班组"的金字塔结构。厂级安全管理部门负责制定全厂性的安全管理目标和策略，统筹协调火力发电厂内部的安全资源配置。部门和车间一级的安全管理机构则按照各自的分工，具体落实安全生产责任制，组织开展日常的安全检查、隐患排查等活动。班组作为生产一线的基层单元，是安全管理的"最后一公里"，肩负着执行安全操作规程、及时消除事故隐患的重任。只有纵向形成合力，上下一体、环环相扣，才能构筑严密完善的安全防护网。

从横向角度看，安全管理部门还应加强与火力发电厂其他业务部门的沟通协调。安全管理从来不是安全部门的"独角戏"，而是需要生产、设备、技术、人力资源等多个部门协同发力。例如，生产部门要严格按照安全操作规程组织生产，做到安全第一、质量第一；设备部门要加强对关键设备的维护保养，保障设备安全稳定运行；技术部门要加大安全技术创新力度，为安全管理提供必要的技术支撑。因此，安全管理部门要主动加强与各业务部门的横向联系，建立信息共享、资源整合、联动响应的工作机制，最大限度地发挥组织合力。

(二)部门主要职能

火力发电厂安全管理部门的设置是一项系统工程,需要在全面考虑火力发电厂实际情况的基础上,遵循科学、合理、高效的原则。首先,安全管理部门的设置应当符合火力发电厂的生产特点和管理需求。作为一个涉及多个专业、多个工种的复杂生产系统,火力发电厂的安全管理涉及设备安全、人员安全、环境安全等多个方面,对安全管理部门的专业化、精细化提出了较高要求。因此,在部门设置上,要根据火力发电厂的规模、生产工艺、设备特点等因素,合理划分安全管理的职责范围,设置相应的专业管理岗位,配备必要的人员和设施,确保安全管理的全面覆盖和有效落实。

其次,安全管理部门的设置要符合相关法律法规和标准规范的要求。我国对火力发电厂的安全生产管理制定了一系列法律法规和标准规范,如《中华人民共和国安全生产法》《电力安全生产规程》等。这些法律法规从不同角度对安全管理部门的职责、人员配置、管理制度等方面提出了明确要求。因此,火力发电厂在设置安全管理部门时,必须严格遵循这些法律法规的规定,确保部门设置的合法性和规范性。同时,还要参考国内外先进电厂的管理经验,借鉴其在安全管理部门设置方面的成功做法,不断优化完善本单位的管理体系。

再次,安全管理部门的设置要充分发挥部门的职能作用,提高安全管理的科学性和有效性。部门设置的根本目的是实现安全管理职能,预防和控制各类安全风险,保障火力发电厂的安全稳定运行。因此,安全管理部门的职能定位要明确,既要全面覆盖安全管理的各个环节,又要突出重点、分清主次,避免职能交叉或真空。例如,可以设置专门的安全监察部门,负责日常的安全检查和隐患排查;设置安全培训部门,负责从业人员的安全教育和技能培训;设置事故调查部门,负责安全事故的调查分析和应急处理等。通过职能的合理分工和有机协同,提升安全管理的专业化水平和管理效能。

最后,安全管理部门的设置还要考虑部门之间以及部门内部的协调配合。安全管理是一项系统工程,涉及生产、设备、人事、后勤等多个部门,需要各部门之间密切配合、信息共享。因此,在部门设置上,要注重各部门之间的横向联系,建立相应的协调机制和沟通渠道。同时,安全管理部门内部各岗位之间也存在严密的逻辑关系,如风险辨识、风险评估、风险控制等环节紧密衔接,需要建立科学有效的工作流程,明确各岗位的工作职责和协作要求,确保安全管理工作的连续性和一致性。

三、各级安全管理人员的职责分工

(一)高层管理职责

火力发电厂高层管理人员在安全管理工作中肩负着重大责任,他们需要从战略高度统筹规划安全管理体系,为安全管理工作提供方向性指引和决策支持。具体而言,高层管理人员应着重从以下几个方面履行其安全管理职责。

制定安全管理战略和目标。高层管理人员要深入分析火力发电厂面临的内外部安全形势,结合企业发展战略,制定切实可行的安全管理战略和目标。这些战略和目标应体现火力发电厂的安全价值观,明确安全管理的重点领域和关键举措,为全员的安全管理行动提供基本遵循。同时，高层管理人员还要建立科学的安全绩效指标体系，定期评估安全管理目标的达成情况，适时调整优化安全管理策略。

优化安全管理组织体系。高层管理人员要充分认识组织体系在安全管理过程中的基础性作用，着力构建"横向到边、纵向到底"的安全管理组织架构。一方面，要明确安全管理部门的职能定位，配备足够的专职安全管理人员，确保安全管理工作的专业性和权威性；另一方面，要在各业务部门和基层单位设置兼职安全员，形成全员参与、全过程覆盖的安全管理网络。同时，高层管理人员还应建立健全安全管理协调机制，加强部门间、层级间的沟通协同，提升安全管理的系统性和有效性。

强化安全管理制度建设。高层管理人员要高度重视安全管理制度在规范员工行为、控制安全风险过程中的关键作用，系统梳理火力发电厂各项安全管理活动，构建科学完善的制度体系。这一体系应包括安全目标管理、安全教育培训、安全检查考核、安全事故管理等各个方面的制度规范，做到全面覆盖、重点突出、要求明确。在制度建设过程中，高层管理人员要注重借鉴同行业优秀企业的成功经验，广泛听取一线员工和基层管理人员的意见和建议，确保制度的针对性和可操作性。制度建立后，高层管理人员还要以身作则，带头学习和遵守各项制度，并通过严格的督导考核，推动制度的有效执行。

营造良好的安全文化氛围。高层管理人员要充分认识安全文化在引领员工安全行为、塑造企业安全形象过程中的深远影响，自觉成为安全文化建设的倡导者和践行者。一方面，高层管理人员要通过个人表率、公开承诺等方式，向全员传递安全至上、生命至上的价值理念，引导大家形成正确的安全认知和态度；另一方面，要大力弘扬"关爱生命、关注安全"的人文关怀精神，切实做好员工的安全防护和职业健康工作，让每一位员工都能感受到企业的安全温度。同时，高层管理人员还应积极开展形式多样的安全文化活动，如安全知识竞赛、安全事故案例分析会等，在潜移默化中强化员工的安全意识和能力。

加大安全投入和科技创新力度。高层管理人员要树立科学的安全投入理念，在人力、物力、财力等方面给予安全管理工作全方位的支持。在人员配备上，要建立一支专业化、职业化的安全管理队伍，提供必要的教育培训和发展空间；在设施配置上，要强化工艺装备本质安全化水平，配备先进的安全监测和防护设施；在资金投入上，要设立专项安全管理经费，为日常的安全检查、隐患治理、应急处置等提供充足保障。同时，高层管理人员还应高度重视科技创新在安全管理中的战略地位，主动对接高等院校和科研机构，加强安全领域关键技术的研发与应用，以先进科技引领安全管理模式和手段的创新变革。

火力发电厂高层管理人员只有以高度的安全责任感和使命感，从战略、组织、制度、文化、科技等多维度入手，强化顶层设计、系统谋划、精准发力、持续改进，才能不断完善安全管理体系，提升本质安全水平，推动安全管理工作取得扎实成效。这不仅关乎企业自身的长治久安，更关乎无数员工家庭的幸福安康，是每一位高层管理人员义不容辞的责任和担当。在新时代大背景下，火力发电厂高层管理人员唯有不断增强政治意识、大局意识、核心意识、看齐意识，以更加宽广的视野、更加务实的作风、更加科学的方法，扎实推进安全管理各项工作，方能为企业高质量发展、高水平安全保驾护航。

（二）中层管理职责

中层管理人员在火力发电厂的安全管理体系中扮演着承上启下的关键角色。他们既要执行和落实高层制定的安全管理方针和政策，又要直接指导和监督基层员工的安全生产行为。因此，明确界定中层管理人员的安全管理职责，对于构建全员参与、全过程控制、全方位覆盖的安全管理格局至关重要。具体而言，中层管理人员的安全管理职责主要包括以下几个方面。

一是安全教育与培训。中层管理人员要制定系统的安全教育培训计划，结合不同岗位的实际需求，开展有针对性的安全知识和技能培训。通过案例分析、情境模拟等多种形式，提高员工的安全意识和应急处置能力。同时，中层管理人员还应注重培养员工主动学习和自我提升的意识，鼓励其参与安全管理的创新实践。

二是安全监督与检查。中层管理人员要建立完善的安全检查制度，采取定期检查和随机抽查相结合的方式，对各生产环节的安全状况进行全面监督。一旦发现安全隐患或违规行为，要严格按照有关规定进行处理，并督促整改到位。同时，中层管理人员还应深入一线，通过与员工面对面交流，掌握安全管理的第一手资料，为安全决策提供支持。

三是应急管理与事故处理。火力发电厂面临着多种自然灾害和生产事故风险，应对这些突发事件考验着中层管理人员的综合能力。他们要全面参与应急预案的编制与演练，熟悉各类事故的处置流程和措施。在事故发生时，中层管理人员要迅速启动应急响应机制，组织疏散救援，控制事态发展，最大限度地减少人员伤亡和财产损失。事后还应认真开展事故调查和原因分析，吸取经验教训，堵塞安全漏洞。

四是安全绩效考核与持续改进。中层管理人员要建立科学的安全绩效评价体系，将安全生产状况纳入部门和员工的业绩考核范畴。通过量化、细化安全管理目标，强化全员安全责任意识。同时，要鼓励员工参与安全管理提升工作，及时收集并采纳合理化建议。中层管理人员还应定期开展安全管理体系的内审和管理评审，查找差距和不足，制定整改措施，实现安全管理水平的持续提升。

（三）基层管理职责

基层安全管理是火力发电厂安全管理体系的落脚点，承担着把安全管理理念和要求落实到每一个具体的生产环节、每一名员工的重任。基层管理人员作为连接管理层与一线员工的纽带，在保障火力发电厂安全生产过程中发挥着不可或缺的作用。

基层管理人员需要深入生产一线，及时发现和消除各类安全隐患。他们要对生产现场进行全面的安全检查，重点关注设备的运行状态、员工的作业行为、现场的环境条件等，确保各项安全规章制度和操作规程得到有效执行。一旦发现问题，要立即采取措施予以整改，防止隐患演变为事故。同时，基层管理人员还要善于总结安全管理经验，不断优化作业流程，提高本部门的安全管理水平。

基层管理人员承担着安全教育培训和应急演练的重要职责。他们要针对本部门的生产特点和人员构成，制定切实可行的安全教育培训计划，通过多种形式提高员工的安全意识和技能。定期组织应急演练，让员工熟悉应急预案，明确各自的职责和任务，提高应对突发事件的能力。在日常工作中，基层管理人员还要注重员工的行为安全管理，通过谈心谈话、表扬批评等方式，及时纠正员工的不安全行为，营造良好的安全文化氛围。

四、安全管理组织的沟通与协调机制

（一）内部沟通渠道

火力发电厂内部沟通渠道的构建和优化是安全管理组织高效运作的基础。它为各级安全管理人员提供了及时、准确、全面的信息传递平台，确保安全管理决策的科学性和执行的有效性。完善的内部沟通机制能够促进不同层级、不同部门之间的协调配合，形成齐抓共管、相互支持的安全管理氛围。

从纵向沟通角度看，火力发电厂应建立自上而下和自下而上相结合的双向沟通机制。一方面，高层管理者需要通过定期会议、文件传达等方式，及时向中基层传达安全管理方针、目标和重大决策，明确各自职责和任务。同时，高层还应通过现场巡查、座谈交流等途径，深入一线了解安全管理的实际情况，听取基层员工的意见和建议。另一方面，中基层管理人员和一线员工也要主动向上级反映安全生产过程中存在的问题和隐患，提出合理化建议，为管理决策提供第一手资料。这种双向互动的沟通模式有利于决策的民主化、科学化，确保安全管理措施的针对性和可操作性。

从横向沟通角度看，火力发电厂应打破部门壁垒，建立多部门协同的工作机制。安全管理涉及生产、设备、技术、培训等多个部门，需要各部门密切配合、共享信息。例如，生产部门发现设备隐患要及时告知设备部门进行检修，设备部门进行技术改造要征求生产部门的意见，确保改造方案的可行性；再如，安全管理部门在制定培训计划时，要与人力资源部门沟通，了解员工的知识技能结构和培训需求，制定有针对性的培训项目。各部门之间的无缝对接和密切合作，能够最大限度地发挥安全管理的整体效能。

除了正式的沟通渠道，火力发电厂还应重视非正式沟通的作用。非正式沟通，如员工之间的日常交流、部门之间的联谊活动等，有助于增进员工的感情，营造和谐融洽的工作氛围。领导干部要善于利用非正式场合，与员工沟通思想，了解员工诉求，化解矛盾纠纷。这种人性化的管理方式更容易赢得员工的信任和支持，调动员工参与安全管理的积极性。同时，非正式沟通还能弥补正式渠道的不足，捕捉一些容易被忽视的安全隐患和问题，成为正式沟通的有益补充。

信息化技术的应用为火力发电厂内部沟通提供了新的可能。火力发电厂可以建立安全管理信息系统，利用网络平台实现信息的快速传递和共享。例如，通过工作流系统，各部门可以及时发布安全管理文件、标准和规程，员工可以随时查阅学习；通过隐患排查系统，员工可以方便地上报安全隐患，相关部门可以及时跟进处理；通过在线培训系统，员工可以灵活安排时间，参加安全教育培训。信息化沟通不仅提高了沟通效率，而且扩大了沟通覆盖面，使每一位员工都能及时获取安全管理信息，参与安全管理实践。

高效畅通的内部沟通是安全管理工作的动力源泉。火力发电厂要高度重视内部沟通渠道建设，打造纵向贯通、横向协同、正式与非正式相结合、线上线下互补的立体化沟通网络。只有形成上下同欲、内外兼修的安全管理合力，才能为火力发电厂的本质安全保驾护航。在新时期，火力发电厂更应与时俱进，创新沟通理念和方式，不断优化完善内部沟通机制，为安全管理组织的高效运转提供坚实保障。

（二）外部协调机制

建立完善、系统的外部协调机制是保障火力发电厂安全运营的关键。由于火力发电厂涉及诸多外部利益相关方，如电网公司、燃料供应商、环保部门、当地社区等，如何与这些单位建立良性互动、形成协同联动，对于火力发电厂的安全管理至关重要。

首先，火力发电厂要与电网公司保持密切沟通，及时了解电网调度需求，合理安排机组运行方式，避免因电力供需矛盾导致非计划停机或超负荷运转。同时，火力发电厂还需配合电网进行事故演练，提高应急处置能力。

其次，燃料供应的稳定性直接关系火力发电厂的安全运行。因此，火力发电厂要与煤炭等燃料供应商建立长期战略合作关系，签订优质高效的燃料供应合同，确保燃料供应的及时性和连续性。必要时，火力发电厂还可派驻管理人员对燃料供应过程进行监督。

再次，环保合规是火力发电厂安全运营的底线。火力发电厂要与环保部门保持良性互动，主动公开环保数据，接受监督检查。针对环保整改要求，火力发电厂要制定切实可行的整改方案，落实整改措施，并及时与环保部门沟通整改进展。对于重大环保事项，火力发电厂更要提前与环保部门达成共识，避免"一刀切"式的停产整顿。

最后，火力发电厂还要注重与地方政府、安全监管部门、电力行业协会等机构的协调配合。要主动加强与地方政府的联系，争取政策支持；要虚心接受安全监管部门的指导，持续改进安全管理；要积极参与电力行业协会组织的活动，学习借鉴同行企业的先进经验。唯有构建多方位、立体化的外部协调网络，才能为火力发电厂的本质安全保驾护航。

五、安全管理组织的绩效评估与改进

（一）评估指标

构建科学合理的安全管理绩效评估指标体系是保障火力发电厂安全运行的关键。评估指标应该全面反映安全管理工作的各个方面，既要考虑结果导向，也要重视过程管控。在指标设置上，需要坚持定性与定量相结合、主观评价与客观数据相结合的原则，确保评估结果的全面性和客观性。

从结果导向角度看，安全管理绩效评估指标应该涵盖人员伤亡事故、设备事故、环境污染事件等各类安全事故的发生频率和严重程度。这些指标直观地反映了安全管理工作的最终成效，是评估其绩效的重要依据。例如，可以设置"重伤及以上人员伤亡事故发生率""重大设备事故发生率"等指标，并根据同行业标杆企业或历史最优水平设定评估标准，以督促管理者努力降低事故发生率。

从过程管控角度看，安全管理绩效评估指标还应该包含日常安全检查的覆盖率和问题整改率、安全培训与演练的参与度、安全投入保障到位率、应急预案的完备性等反映管理过程的指标。这些指标从源头上预防和控制了安全风险，是实现安全管理目标的重要保障。例如，可以设置"月度安全隐患排查覆盖率""安全隐患整改率""从业人员安全培训参训率"等指标，通过量化日常安全管理过程，推动安全管理工作的规范化、常态化。

在指标的具体设置上，既要借鉴同行业优秀企业的经验做法，也要立足企业自身实际，选择最能反映安全管理特点和短板的指标。通过对管理实践的长期观察和数据分析，遴选对安全绩效影响程度大、管理层可控性强的指标，并适时优化指标设置，提高其科学性和可操作性。这就要求管理者具备敏锐洞察力和系统思维能力，能够捕捉安全管理中的薄弱环节，围绕关键领域和重点环节设置评估指标。

安全管理绩效评估指标的应用需要与完善的制度体系相配套。首先，要建立健全安全管理统计制度，规范数据采集、分析流程，确保指标核算的及时性和准确性。其次，将安全管理绩效评估纳入管理责任制考核范围，将考核结果作为管理干部选拔任用、岗位轮换、薪酬分配、奖惩问责的重要依据。最后，定期开展绩效反馈，通过分析评估结果诊断安全管理中的不足，督促管理者调整和改进管理策略。

（二）改进措施

有效的安全管理绩效评估是火力发电厂安全管理体系持续改进的关键。通过系统的评估方法，收集全面、准确的安全管理数据，分析存在的问题和不足，制定针对性的改进措施，才能不断提升火力发电厂的安全管理水平。

首先，火力发电厂应建立科学、合理的安全管理绩效评估指标体系。这一指标体系应涵盖安全管理的各个方面，包括安全制度的建立与执行、安全教育与培训、安全检查与隐患整改、应急管理与事故处理等。同时，指标设置还应兼顾定量分析和定性分析，既要有可量化的硬性指标，如事故发生率、隐患整改率等，也要有反映管理效果的软性指标，如员工安全意识、管理者领导力等。只有建立全面、科学的评估指标体系，才能准确评价安全管理的实际状况，为后续改进奠定基础。

其次，火力发电厂要创新安全管理绩效评估方法，提高评估的针对性和有效性。传统的评估方式往往以资料审查、现场检查为主，容易流于形式，难以真正发现问题所在。为了突破这一局限，火力发电厂可以引入更加多元化的评估手段，如开展员工问卷调查、召开安全管理研讨会、聘请第三方专业机构开展评估等。通过多角度、多层次地收集信息，综合运用定性分析和定量分析，才能准确诊断安全管理中的薄弱环节，找出存在的深层次问题。同时，评估过程中还应重视发现和总结优秀经验做法，用于推广借鉴，形成安全管理的良性循环。

最后，火力发电厂应高度重视安全管理绩效评估结果的应用，切实将评估成果转化为管理改进的动力。一方面，要针对评估中发现的问题制定切实可行的整改方案，明确责任部门和整改时限，确保问题得到及时有效解决；另一方面，要总结推广评估中发现的优秀做法，将其固化为管理制度和工作标准，在全厂范围内加以实施。通过"查缺补漏"和"见贤思齐"，形成安全管理水平持续提升的良性循环。与此同时，火力发电厂还应注重发挥绩效评估的激励作用，将评估结果与管理者考核、员工奖惩相结合，调动各方参与安全管理的积极性和主动性。

六、安全管理组织的应急响应体系

（一）应急预案制定

应急预案是火力发电厂安全管理体系中至关重要的一环，它为火力发电厂应对突发事件、控制事态发展、保障人员和设备安全提供了系统性指南。科学、合理、可操作的应急预案能够最大限度地降低事故发生的概率，将事故影响控制在最小范围内，确保火力发电厂生产经营活动的连续性和稳定性。

应急预案制定需要遵循"预防为主、常备不懈"的方针，立足火力发电厂实际，着眼风险防控。首先，应急预案制定应以全面风险评估为基础。火力发电厂需要系统梳理生产运行过程中存在的各类风险因素，包括设备故障、自然灾害、人为失误等，评估其发生的可能性和影响程度，识别关键风险点。在此基础上，有针对性地制定应急预案，明确应急组织体系、响应流程、处置措施等关键要素。

其次，应急预案应具有全局性和系统性。火力发电厂是一个复杂的工程系统，各生产环节、各专业领域相互关联、相互影响。因此，应急预案不能局限于某一特定场景或领域，而应统筹兼顾、协同联动。要从全厂层面统一规划应急资源配置，建立健全"横向到边、纵向到底"的应急指挥体系，形成分工明确、责任到人、反应迅速、协同有力的应急处置机制。

最后，应急预案应强化可操作性。再完美的预案，如果缺乏可操作性，也难以发挥实际效用。应急预案必须符合火力发电厂实际情况，切合一线需求，具备针对性和指导性。预案中的应急处置措施要明确、具体、简便易行，能够指导应急人员迅速、准确地开展应急处置工作。同时，应急预案还应明确应急物资储备、应急设施配备等保障措施，为应急行动提供必要的人力、物力支撑。

应急预案的生命力在于不断优化和完善。电厂应建立应急预案定期评审、修订机制，根据法规标准变化、风险形势变化、应急实践经验等，及时修订、补充应急预案，不断提升其科学性、时效性、可操作性。同时，还应加强与地方政府、周边社区、兄弟单位的应急联动力度，建立信息共享、资源共享、应急协同的区域应急联动机制，形成应对复杂应急情况的整体合力。

（二）应急演练与培训

应急演练与培训是火力发电厂安全管理组织应急响应体系建设的重要内容。它通过模拟各类突发事件情境，检验应急预案的可行性和有效性，锻炼应急人员的实战能力和协同配合水平，提高火力发电厂面对突发事件的快速反应能力和妥善处置能力。

应急演练的形式多种多样，包括桌面推演、功能演练、全面演练等。桌面推演通常在会议室内进行，由应急指挥人员和关键岗位人员参加，重点演练应急决策和指挥调度；功能演练则针对某一应急功能或应急保障项目，如医疗救护、后勤保障等；全面演练是对应急预案的完整演练，涉及方方面面，检验整个应急响应体系的运转情况。无论采取何种形式，应急演练都要强调科学性和针对性，根据火力发电厂实际情况和可能面临的风险，设置贴近实战的演练科目和内容。

在应急演练过程中，参演人员要严格按照应急预案的要求，遵循应急指挥体系的运作流程，各司其职、密切配合。通过演练，及时发现应急预案和责任体系中存在的问题和不足，并加以评估、修正、完善。同时，对演练中暴露出的人员能力短板和协同配合问题，也要通过培训予以强化和提高。应急培训内容应涵盖应急预案、专业知识、救援技能、个人防护、心理疏导等方方面面，采取理论授课、案例教学、实操训练等多种方式，使应急人员掌握必备知识技能，具备过硬的应急处置能力和心理素质。

第三节　安全管理的制度建设

一、安全管理制度的实施流程

（一）制度发布与培训

制度的有效发布和培训是火力发电厂安全管理体系建设的关键环节。科学、合理的安全管理制度需要通过系统的发布和培训，才能真正转化为员工的自觉行动，成为指导生产实践的行为准则。

发布安全管理制度是让全体员工了解制度内容、明确职责权限的重要途径。在制度发布过程中，管理者应采取多种形式，确保制度内容传达给每一位员工。一方面，可以通过召开全员大会、印发文件等正式渠道，向员工传达制度的主要内容和精神实质；另一方面，还可以利用橱窗、板报、内部网络等载体，营造浓厚的制度学习氛围。通过发布，使员工对安全管理制度的基本要求有一个全面、系统的认识，为后续的制度执行奠定思想基础。

在发布的基础上，开展全员培训是提高制度执行力的有力抓手。安全管理制度的内容往往具有较强的专业性和操作性，仅仅依靠员工的自学很难真正掌握。因此，管理者应组织开展形式多样、针对性强的培训活动，帮助员工准确理解制度要求，掌握具体的实施方法。培训可以采取集中授课、现场演练、案例分析等方式，使员工在"听、说、做"等多个维度参与其中，强化制度意识，提升执行能力。同时，培训过程中还应重点强调违章操作的危害性和违章责任追究制度，使员工切实增强安全责任意识。

制度发布和培训的有效开展，还需要构建科学的考核评价机制。将制度执行情况纳入员工绩效考核体系，建立与员工切身利益相挂钩的奖惩机制，能够有力促进员工主动学习和遵守制度。定期开展制度执行"回头看"，对执行效果进行评估，发现问题及时整改，也是保障制度落地的重要举措。

构建火力发电厂安全管理体系是一项系统工程，制度发布与培训处于承上启下的关键环节。通过科学、有效的制度发布，营造浓厚的制度学习氛围，使全体员工对安全管理制度有一个全面、准确的认识。在发布的基础上，有针对性地开展全员培训，提高员工对制度内容的理解和操作能力，内化为自觉遵章守纪的行为习惯。将制度执行情况与员工利益挂钩考核，并定期开展执行评估，能够推动制度要求落到实处。只有做好制度发布与培训工作，才能为火力发电厂的安全生产提供坚实的制度保障，筑牢安全管理的基石。

（二）执行与记录

安全管理制度的执行和记录是确保制度落地生根、发挥实效的关键环节。制度的生命力在于执行，再完美的制度，如果没有严格执行和有效记录，也难以发挥应有的作用。因此，火力发电厂必须高度重视安全管理制度执行和记录工作，建立健全相关机制，确保制度得到有效贯彻。

具体而言，火力发电厂应当制定详细的制度执行计划和步骤，明确各部门、各岗位在制度执行中的职责和任务。这需要火力发电厂领导层统筹谋划，各部门通力合作，形成制度执行的强大合力。同时，要加强制度执行的监督和考核，建立奖惩机制，调动全体员工参与制度执行的积极性和主动性。

在制度执行过程中，记录工作也至关重要。完整、准确的记录不仅是制度执行情况的真实写照，也是事故追溯、责任认定的重要依据。因此，火力发电厂要明确记录的内容、格式和频次，指定专人负责记录工作，确保记录的及时性、准确性和完整性。同时，要运用现代信息技术手段，提高记录的效率和可靠性，实现记录的电子化、系统化管理。

（三）反馈与调整

在火力发电厂安全管理制度的实施过程中，反馈与调整环节至关重要。通过及时收集各方面的反馈信息，深入分析制度执行过程中存在的问题和不足，并据此进行针对性的调整完善，可以有效提升安全管理制度的科学性、可操作性和适应性，确保其真正发挥应有的作用。

首先，要建立多渠道、全方位的反馈机制。安全管理制度的实施情况如何，执行过程中是否存在困难和障碍，需要通过多种途径去了解和掌握。一方面，要重视基层一线员工的意见和建议。他们直接参与制度的执行，对制度的优劣有最直观、最真切的感受。管理者应通过座谈会、问卷调查、个别访谈等形式，广泛听取一线员工的心声。另一方面，还应主动寻求外部专家和同行的评价意见。通过举办研讨会、论坛等，邀请行业专家学者、兄弟单位同仁，对安全管理制度进行评估诊断，查找其中的不足和漏洞。只有全面收集各方意见，才能站在更高的角度审视制度，为优化完善提供参考和依据。

其次，要对收集到的反馈信息进行认真梳理和深入分析。要从大量、零散的意见建议中找出共性问题，归纳提炼出制度在执行过程中的主要障碍和薄弱环节。比如，安全操作规程是否存在可操作性不强、针对性不强的问题，安全教育培训是否存在针对性、实效性不够的问题，安全检查机制是否存在责任不清、流于形式的问题，等等。只有精准查找症结所在，才能"对症下药"，有的放矢地改进完善相关制度。与此同时，分析也要讲求系统性、全局性，注重从制度建设的全过程、各环节中发现问题。要客观评估制度制定的科学性、执行的有效性、监督的严密性，系统查找存在的"短板"和"漏洞"，防止"头痛医头、脚痛医脚"式的就事论事、局部修补。

再次，要在充分酝酿讨论的基础上，研究制定切实可行的制度调整方案。调整完善的指导思想，应该是既要固本培元，夯实制度"根基"，又要与时俱进，突出问题导向，切实提高制度的针对性和实效性。具体而言，要根据反馈意见，对不合时宜的条款内容进行修订，增强制度的前瞻性；针对可操作性不强的规定，细化量化考核要求，强化制度的刚性约束力；对于执行中主体责任不清、流于形式等问题，进一步厘清责任边界，优化工作流程，增强制度的协同性、责任性。当然，制度的调整完善也要把握"度"，做到"有所为，有所不为"，该改的要改，不该改的坚决不改，防止陷入频繁修改、朝令夕改的怪圈。

最后，调整后的安全管理制度要及时传达给执行层面，并做好学习培训和监督检查工作。一方面，要通过会议宣传贯彻、专题培训等，使干部员工准确把握新制度、新要求，掌握贯彻落实的具体方法和路径。要在全员范围内营造学习制度、严格执行制度的浓厚氛围，增强制度执行的自觉性和主动性。另一方面，还必须加强对新制度实施情况的"回头看"力度，适时开展执行效果评估，既要总结推广实施中的好经验、好做法，又要及时发现和解决新出现的问题，确保调整后的制度真正落地生根、取得实效。

二、安全管理制度的监督与评估

（一）内部审查机制

内部审查机制是火力发电厂安全管理制度建设的重要保障。它通过建立健全的内部监督体系，确保各项安全管理制度得到有效落实，并及时发现和纠正制度执行过程中存在的问题。一个科学、完善的内部审查机制应包含多个层面的内容。

从组织架构看，内部审查机制应涵盖火力发电厂的各个部门和层级。这就要求在厂部、车间、班组等不同层面设置相应的审查机构，明确各自的职责权限。例如，在厂部层面，可设立安全管理委员会，负责制定审查计划、组织实施审查、监督整改落实等；在车间层面，可成立安全检查小组，负责日常的安全检查和隐患排查；在班组层面，则需要明确安全员的审查职责，做好班前班后的安全确认。唯有形成上下联动、横向协同的组织架构，才能构建起严密的内部审查防线。

从审查内容看，内部审查机制应聚焦安全管理制度的关键要素。一方面，要重点审查制度的完整性、合规性和可操作性，确保其符合国家法律法规和行业标准的要求，具备可执行、可考核的特点；另一方面，要深入审查制度执行的有效性，全面评估员工的学习掌握情况、规范操作情况，特别是关键岗位、关键环节、关键设备的管控情况，从而判断安全管理制度是否真正落到实处、发挥应有作用。同时，审查还应延伸至隐患排查治理、应急管理、教育培训等方方面面，做到全过程、全覆盖、无死角。

从审查方式看，内部审查机制应采取多种方法相结合的方式。常规的定期审查固然必不可少，如每月组织一次全面安全检查，每季度开展一次综合性审查。但同时也要注重日常的随机抽查和"四不两直"暗查，并通过现场观察、查阅资料、员工访谈等方式，多角度、立体化地评估制度执行情况。此外，针对重点领域、关键环节，还可采取专项审查的方式，如组织热控专项检查、锅炉本体专项检查等，对潜在的安全风险进行"体检式"排查。多种审查方式的有机结合，能够最大限度地提升审查的广度和深度。

从整改机制看，内部审查机制必须与有效的问题整改机制相匹配。审查发现的问题绝不能"查而不改""改而不彻底"，必须建立闭环管理机制，明确整改措施、责任人、完成时限，确保问题得到切实有效的解决。对于重大安全隐患，更要采取"一票否决"的严格问责制，倒逼责任单位限期完成整改。同时，整改情况要成为绩效考核的重要内容，与责任人的评优评先、职务晋升直接挂钩，形成强有力的整改动力和约束机制。唯有做到审查、整改、考核的有机统一，内部审查机制才能真正发挥应有作用。

建立完善的内部审查机制是提升火力发电厂安全管理水平的治本之策。它构筑起安全生产的"防火墙"，为各项安全管理制度的有效实施提供了坚实保障。在新形势下，火力发电厂要以高度的责任感和使命感，持续健全内部审查机制，加大审查力度，严格整改问责机制，推动安全管理制度落地生根。唯有如此，才能筑牢安全生产的坚实防线，为企业的高质量发展保驾护航。事关员工生命安全、企业持续发展，容不得丝毫懈怠。"查防并举、防重于查"，应成为新时期火力发电厂安全管理的必然选择和实践方向。

（二）外部评估标准

火力发电厂安全管理体系的构建需要接受外部评估，以确保其科学性、合理性和有效性。外部评估不仅能够为安全管理体系的完善提供客观依据，更能够促进火力发电厂安全管理水平的持续提升。外部评估标准主要分为以下三类。

一是第三方评估机构，其是开展外部评估的重要力量。这些机构拥有丰富的安全管理评估经验和高度专业化的评估团队，能够全面、细致地审视火力发电厂的安全管理体系，揭示其中存在的问题和不足。第三方评估机构通常采用科学的评估方法和严格的评估标准，从安全管理制度的完整性、可操作性，到安全管理措施的针对性、有效性等多个维度展开评估，确保评估结果的专业性和权威性。火力发电厂可以聘请第三方评估机构定期开展安全管理体系评估，并根据评估结果持续优化和改进管理实践。

二是行业协会制定的安全管理标准，其是外部评估的重要依据。电力行业协会等权威机构通过广泛调研和专家论证，制定了一系列火力发电厂安全管理的标准和规范，如《火力发电厂安全管理导则》《火力发电企业安全生产标准化评审标准》等。这些标准系统阐述了火力发电厂安全管理的基本要求、关键环节和评价指标，为外部评估提供了科学的尺度和准绳。火力发电厂应以行业标准为基础，对标对表，找出自身安全管理体系与标准要求的差距，并通过持续改进缩小这些差距，不断提升安全管理的规范性和有效性。

三是政府监管部门的合规性检查，其是外部评估的另一重要方面。国家及地方政府对火力发电厂的安全生产实施严格监管，定期开展安全检查和考核。监管部门重点关注火力发电厂安全管理体系的合法合规性，考查其是否符合《中华人民共和国安全生产法》《电力安全生产规程》等法律法规的强制性要求。同时，监管部门还通过现场检查、资料审查、员工访谈等方式，深入评估安全管理制度的落实情况，确保各项安全管理措施真正发挥作用。火力发电厂必须积极配合政府监管，以开放、务实的态度接受合规性检查，并根据检查结果不断健全完善安全管理体系。

（三）绩效考核方法

绩效考核是火力发电厂安全管理体系中的重要环节，它通过科学、规范的考评机制，客观评价员工的安全行为和绩效表现，为安全管理决策提供依据，推动安全管理水平的持续提升。构建合理的绩效考核指标体系是实施有效考核的前提。火力发电厂安全管理涉及方方面面，因此，绩效考核指标应具有全面性和系统性，既要包括"硬指标"，如安全事故发生率、安全培训覆盖率等，也要兼顾"软指标"，如安全意识、安全行为习惯等。同时，指标设置还应符合 SMART 原则，即具体（specific）、可衡量（measurable）、可实现（achievable）、相关（relevant）、有时限（time-bound），确保考核的可操作性和针对性。在指标权重分配上，应根据各指标对安全管理的重要程度进行科学设置，突出关键指标的导向作用。

完善绩效考核的组织实施是保证考核质量的关键。火力发电厂应成立专门的考核工作小组，由安全管理部门牵头，各相关部门参与，明确考核的责任主体和管理流程。在考核过程中，要严格遵循考核工作规范，采取多种方式收集考核数据，如现场检查、员工自评、上级评估等，提高数据的客观性和准确性。考核结果的运用也至关重要，应建立绩效反馈和改进机制，将考核结果与员工的薪酬晋升、培训发展相结合，调动员工参与安全管理的积极性。对于考核中发现的问题，要及时采取针对性的改进措施，推动安全管理体系的优化和完善。

加强绩效考核结果的分析应用是发挥考核作用的途径。火力发电厂应建立绩效考核结果分析机制，定期开展考核数据的统计分析工作，科学、规范、系统地总结考核中的经验教训。通过纵向分析，可以掌握员工安全绩效的变化趋势，及时发现和解决新出现的安全管理问题；通过横向对比，则可以找出安全管理的薄弱环节，为资源配置和管理优化提供决策支持。对考核结果的深入剖析，有助于全面审视安全管理体系的运行状况，找准提升安全绩效的有效路径。

绩效考核的常态化开展是实现安全管理目标的保障。安全无小事，安全管理更是一项长期而艰巨的任务。只有将绩效考核常态化、制度化，形成规范有序、持续改进的工作机制，才能真正将安全管理落到实处。要根据火力发电厂的实际情况，合理设置考核周期，既要保证考核频率，提高安全管理的时效性，又要防止考核过于频繁，加重基层工作负担。要注重考核过程管理，加强考核工作的过程控制和监督检查，及时发现和纠正考核工作中的偏差，不断提升考核工作的规范化水平。

三、安全管理制度的更新与改进

（一）更新流程规范

安全管理制度的更新流程规范化是确保火力发电厂安全管理体系与时俱进、持续优化的关键。制度更新不应是随意的、零散的，而应遵循严格、规范的流程，以保证制度修订的科学性、合理性和可操作性。

首先，制度更新应建立在全面评估的基础之上。定期开展制度执行情况的评估，通过数据分析、现场检查、访谈等方式，全面诊断现有制度的适用性和有效性，识别其中存在的问题和不足。评估过程应广泛听取一线员工、基层管理者的意见和建议，充分考虑制度在实际运行中遇到的困难和挑战。只有基于全面、深入的评估，才能保证制度更新的针对性和实效性。

其次，制度更新应遵循严格的审批程序。制度的修订不是一蹴而就的，而是需要经过多轮讨论、论证和审核。第一，由专门的制度管理部门牵头，根据评估结果起草制度修订方案，明确拟调整的具体内容和理由。第二，组织由相关部门负责人、专家学者、资深员工代表等组成的论证委员会，对修订方案进行充分讨论和论证，进一步优化完善。第三，论证通过后，还需要报请火力发电厂领导层会议审议，经集体决策通过后，方可正式发布实施。这样的审批流程虽然相对耗时，但能最大限度地保证制度修订的科学性和可行性。

再次，制度更新后应注重培训与宣传贯彻。新修订的安全管理制度在正式实施前，必须组织全员培训，确保每一位员工，尤其是基层一线员工，都能准确理解制度内容，掌握制度要求的工作流程和操作规范。通过案例分析、情境模拟等生动、互动的培训方式，帮助员工将制度要求内化为自觉行动。同时，还应创新宣传方式，利用多种媒介和平台，营造人人学习制度、践行制度的浓厚氛围。只有让安全理念深入人心，安全制度才能真正落地生根。

最后，制度更新还应建立监督与反馈机制。制度的生命力在于执行，再好的制度如果没有有效执行也是纸上谈兵。火力发电厂应成立专门的督查小组，采取定期与不定期相结合的方式，深入基层一线检查制度执行情况，严肃问责违章违纪行为。同时，畅通员工反馈渠道，及时听取和采纳合理化建议，使制度在执行中不断优化、完善。只有形成上下联动、有效互动的监督反馈闭环，才能让安全管理制度真正成为指导和规范企业安全生产的行动指南。

（二）改进措施实施

火力发电厂安全管理制度改进措施的有效实施，需要建立在全面评估、科学规划的基础之上。管理者应当深入分析现有制度执行中存在的问题和不足，明确改进的方向和重点。同时，改进措施的制定要充分考虑火力发电厂的实际情况，包括技术水平、人员素质、管理基础等因素，确保措施的针对性和可行性。只有扎根现实，立足长远，才能保证改进措施落到实处，发挥实效。

过程管控是改进措施实施的关键环节。管理者要建立完善的监督检查机制，加大对改进措施执行情况的跟踪评估力度，及时发现和解决执行中存在的问题。对于执行不力、效果不佳的部门和个人，要予以通报批评，督促其进行整改。对于执行有力、成效显著的部门和个人，要予以表彰奖励，发挥示范带动作用。只有加强过程管控，确保措施执行不走样、不变形，才能保证改进工作沿着既定方向稳步推进。

信息化手段的运用能够有效提升改进措施实施的效率和质量。管理者要积极引进先进的信息化管理系统，利用大数据、云计算等技术手段，对安全管理制度执行情况进行实时监测和动态分析，为制度改进提供决策支持。同时，要搭建信息共享平台，畅通各部门、各层级之间的沟通渠道，实现信息的快速传递和反馈，提高协同效率。信息化手段的运用，不仅能够减轻管理者的工作负担，提高管理效率，更能够为制度的持续改进提供数据支撑和智力保障。

第四节 安全管理的技术措施

一、设备安全监控系统

（一）监控设备类型

火力发电厂的安全生产关乎社会稳定和民生福祉。随着现代科技的迅猛发展和工业自动化水平的不断提升，火力发电厂安全管理领域也出现了一系列创新技术和手段，其中设备安全监控系统发挥着至关重要的作用。

安全监控系统的核心在于及时、准确地获取设备运行状态数据，为安全决策提供依据。在火力发电厂生产过程中，锅炉、汽轮机、发电机等关键设备的运行参数和健康状况直接影响着火力发电厂的安全与效率。为了实现对这些设备的实时监测，火力发电厂普遍采用了多种类型的传感器，如温度传感器、压力传感器、振动传感器等。这些传感器分布在设备的各个部位，持续采集温度、压力、振动等关键参数，并将数据传输至监控系统进行分析和处理。

（二）数据采集与分析

数据采集与分析是火力发电厂安全监控系统的核心环节，其目的在于全面、准确地获取设备运行状态信息，为安全管理决策提供科学依据。随着信息技术的迅猛发展和智能化水平的不断提升，火力发电厂数据采集与分析手段也日趋多样化和精细化。传统的数据采集主要依靠人工巡检和定期记录，存在效率低、准确性差等问题。而现代化的数据采集系统则广泛应用了各类传感器和智能仪表，实现了对设备运行参数的实时在线监测。常见的监测对象包括锅炉压力、汽轮机转速、发电机电压等关键指标，以及烟气温度、水质 pH 值等辅助参数。通过布置在各个部位的传感器，系统能够持续采集海量的设备状态数据，并通过总线或无线通信网络传输至数据中心。

在数据采集的基础上，中心内配备的服务器群和存储阵列为数据分析奠定了坚实的硬件基础。通过 ETL 等数据集成技术，不同来源、不同格式的数据被清洗、转换、加载到统一的数据仓库中，形成了标准化、规范化的数据视图。在此基础上，数据库管理系统、OLAP 引擎等软件平台被用于对海量数据进行高效查询、即时分析。先进的数据处理算法，如数据挖掘、机器学习等，则致力于从表象数据中发掘深层次的关联规律和预测模型，为设备异常诊断、寿命预测等高级应用提供支持。

数据分析的价值最终体现在对生产运营的优化与决策支持上。一方面，设备异常的早期预警有助于降低非计划停机率，减少检修成本，提高发电效率。例如，通过对汽轮机振动数据的频谱分析，可以及时发现轴承磨损等机械故障征兆，在问题恶化前实施维护；通过对锅炉受热面温度的偏差分析，可及时发现水冷壁结垢、磨损等隐患，避免爆管等严重事故。另一方面，数据分析对优化生产调度、节能降耗、提高经济性也大有裨益。

（三）远程监控技术

远程监控技术的应用大大提升了火力发电厂的安全管理水平。传统的安全管理模式主要依赖现场人员的巡检和监督，存在反应迟缓、监管不到位等问题。而远程监控系统则通过高密度、全方位的数据采集和智能化分析，实现了对设备状态的全面掌控。管理人员可以随时随地通过电脑或移动终端访问监控平台，查看设备运行数据和趋势图表，并根据实际情况远程下达控制指令。这种"零距离"的管理模式不仅提高了管理的时效性和针对性，也极大地减轻了一线员工的工作强度，为安全生产提供了可靠保障。

远程监控技术的核心在于实现对发电设备的实时监测和远程控制。通过在关键设备上安装各类传感器和数据采集单元，远程监控系统能够持续采集设备的温度、压力、振动、电流等关键参数，并将这些数据实时传输至监控中心。监控中心的专业人员通过分析这些数据，可以准确判断设备的健康状况，预测潜在的故障风险。一旦发现异常情况，系统会自动向管理人员发出警报，同时根据预设的策略采取相应的控制措施，如调整设备运行参数、启动备用设备等，确保发电过程的安全和稳定。

二、火灾预防与控制技术

（一）火灾探测系统

火灾探测系统是火力发电厂安全管理体系中的重要组成部分，其主要功能是及时发现火情，准确报警，为火灾扑救赢得宝贵时间。随着科学技术的不断进步，火灾探测系统也在不断升级换代，从最初的感温式火灾探测器发展到如今集感烟、感温、红外等多种探测方式于一体的智能火灾探测系统。这些先进的探测设备和技术极大地提高了火情监测的灵敏度和准确性，为火力发电厂的安全运行提供了可靠保障。

就火灾探测技术而言，感烟探测器是目前应用最为广泛的一种探测设备。其工作原理是利用光电效应或电离效应感知烟雾颗粒，当烟雾浓度达到一定阈值时即可触发警报。感烟探测器对于闷烧型火灾具有极高的灵敏度，能够在火灾发生的初期就发出警报，为及时扑救火情赢得宝贵时间。但需要注意的是，感烟探测器容易被粉尘、水蒸气等干扰，因此，在布置时需要充分考虑周围环境的影响。

感温探测器是另一种常用的火灾探测设备，它主要利用温度传感器监测环境温度的变化，当温度超过设定阈值时即可触发警报。相较于感烟探测器，感温探测器的优势在于不易受环境干扰，但其灵敏度相对较低，更适用于明火型火灾的探测。在实际应用中，感温探测器通常与感烟探测器配合使用，以实现全方位的火情监测。

除了传统的感烟、感温探测器，红外探测技术近年来也得到了广泛应用。红外火灾探测器利用红外线感应火焰辐射的原理，通过分析红外辐射的波长和强度判断是否发生火灾。这种探测方式对于裸露的明火极为敏感，能够快速准确地发出报警信号。但红外探测器易受阳光直射等强辐射源的干扰，因此在安装时需要特别注意探测器的朝向和遮挡问题。

随着物联网、大数据等新兴技术的发展，传统的火灾探测系统也在向智能化、网络化的方向升级。智能火灾探测系统通过将各类探测器与智能控制器相连接，实现火灾信息的采集、分析和处理。一旦发生火情，系统不仅能够及时报警，还能根据火灾发展趋势自动启动灭火设施，并将火情信息上传至监控中心，为救援行动提供决策支持。此外，智能探测系统还具备自诊断、自校准等功能，极大地降低了系统误报和漏报的概率。

（二）自动灭火系统

自动灭火系统是火力发电厂火灾预防与控制体系中的关键组成部分。与传统的人工灭火方式相比，自动灭火系统能够在火灾发生的初始阶段迅速启动，在最短时间内扑灭火情，减少火灾造成的损失。先进的自动灭火系统通过火灾探测器、控制器、执行器等部件的协同工作，实现了火灾预防、早期预警、快速响应、精准灭火的一体化功能。

火灾探测器是自动灭火系统的"眼睛"，其任务是实时监测环境参数，及时发现火情。常用的火灾探测器包括烟感探测器、温感探测器、复合式探测器等。这些探测器利用光、电、化学等原理，对环境中的烟雾浓度、温度变化进行采集和分析，一旦监测数据超过预设阈值，就会向控制器发送火警信号。控制器是自动灭火系统的"大脑"，负责接收探测器反馈的信号，综合判断火情，下达灭火指令。先进的控制器具备智能化、网络化特征，能够实现多种探测信号的融合分析，提高火灾判别的准确度。同时，控制器还具备故障自检、远程管理等功能，保障系统运行的可靠性和便捷性。

执行器是自动灭火系统的"手脚",直接完成灭火任务。常见的灭火执行装置有喷淋系统、细水雾系统、气体灭火系统等。喷淋系统利用水的冷却和窒息效应扑救火灾,适用于普通可燃物引发的火情。细水雾灭火系统将水雾化为细小水滴,利用其较大的比表面积快速汽化吸热,达到降温和隔氧灭火的效果,特别适合扑救电气火灾。气体灭火系统通过释放氮气、二氧化碳等惰性气体,降低环境中的氧气浓度,抑制燃烧反应的进行,可广泛应用于机房、仪表室等特殊场所。

除了上述基本组成外,先进的自动灭火系统还引入了智能算法、大数据分析、物联网通信等现代信息技术,极大地提升了火灾预防与控制的科学性和有效性。例如,基于机器学习的火灾预测模型能够根据历史数据和实时监测数据,动态评估火灾风险,预警火灾隐患;而分布式物联网架构则使得海量传感器数据的采集、传输和处理更加高效和可靠。未来,随着人工智能、云计算、5G通信等新技术的深度应用,自动灭火系统必将朝着更加智能化、网络化、集成化的方向发展。

(三)防火隔离技术

防火隔离技术是火力发电厂安全管理的重要组成部分,其目的在于通过合理的物理屏障和功能分区,将火力发电厂内部划分为相对独立的防火区域,从而有效阻断火灾蔓延,控制火情发展,为火灾扑救争取宝贵时间。在防火隔离设计过程中,需要充分考虑火力发电厂的生产工艺特点、建筑布局、设备材料等因素,采取因地制宜、科学合理的技术措施。

传统的防火隔离主要依靠实体隔墙、防火卷帘等被动防护设施实现。这些设施材料选用应符合相关防火标准,如耐火极限、阻燃性能等。同时,隔墙的设置还需满足生产操作、设备检修等功能需求。而对于电缆夹层、管道井等狭长空间,可采用防火封堵材料填充,阻断火势在垂直和水平方向的蔓延。

随着智能化技术的发展,防火隔离也呈现出主动感知、快速响应的趋势。在防火分区内部署感烟感温探测器、红外成像仪等智能化预警设备,能够及时发现火情,并通过联动控制系统启动灭火装置、关闭防火门窗,将火灾隔离在初始区域内。这种主动防火隔离技术可大大缩短火灾发展时间,降低人员伤亡和财产损失风险。

除了硬件设施,科学合理的防火分区划分也至关重要。根据生产功能和火灾危险性,将火力发电厂划分为发电机区、变压器区、燃料储存区等不同的防火分区,并设置独立的安全疏散通道,保证各区域相对独立,相互阻隔。同时,通过消防联动控制系统,实现分区内部火灾信息的集中管理和统一调度,提高火情处置效率。

三、危险化学品管理技术

(一)化学品分类与标识

化学品分类与标识是火力发电厂危险化学品管理的基础和前提。只有准确识别和区分不同类型的化学品,并对其进行科学、规范的标识,才能为后续的储存、运输和使用提供可靠依据,最大限度地降低安全风险。

火力发电厂涉及的化学品种类繁多,包括易燃易爆品、有毒有害品、腐蚀性物质等。

为了有效管理这些化学品，必须按照国家标准和行业规范，对其进行系统分类。通常采用的分类方法有危险性分类法、用途分类法等。其中，危险性分类法根据化学品的物理、化学和毒理学特性，将其划分为爆炸品、压缩气体和液化气体、易燃液体、易燃固体、自燃物品、遇水释放易燃气体的物品、氧化剂、有机过氧化物、有毒品和腐蚀品等九大类。这种分类方法直观、全面，便于识别化学品的危险特性，判断其在储存、运输和使用过程中可能引发的危险，从而采取针对性的安全防范措施。

在实际操作中，还需要根据化学品的具体用途和性质，进一步细化分类。例如，对于易燃易爆品，可以细分为甲、乙、丙、丁四类，分别对应闪点在 21 ℃ 以下、21~60 ℃、60~125 ℃ 和 125 ℃ 以上的物质。这种细化分类有助于更精准地评估化学品的危险程度，制定更加细致、可操作的安全管理方案。

在对化学品分类的基础上，还需要进行科学、规范的标识。标识的目的是让所有相关人员，包括管理人员、操作人员、运输人员等，能够清晰、准确地识别化学品的类别、危险特性、安全防护要求等关键信息。根据《化学品安全标签编写规定》（GB 15258—2009），化学品标识应包括化学品名称、危险性类别、警示性说明、防范说明、供应者信息等内容。其中，化学品名称应使用法定的中文名称或惯用名称；危险性类别可用颜色、数字、符号等形式直观表示；警示性说明要求使用规范的语言，简洁、醒目地提示化学品的主要危险特性；防范说明则要详细说明在储存、使用、处置等环节需要采取的具体措施。标识的设计应符合 GB 15258—2009 规定的样式、尺寸、材质等要求，以保证其在一定条件下的牢固性和耐久性。

除了化学品本身的标识外，储存化学品的场所、设施、包装也应设置明显的安全标志，标明化学品的种类、数量、危险特性、禁忌物、管理责任人等信息。储存易燃易爆化学品的仓库还应设置"严禁烟火""防爆"等警示牌。运输化学品的车辆也应按照《危险货物道路运输车辆标志》（GB 13392—2005）的要求，在车辆前后和两侧设置规定的标志，以警示其他车辆和行人注意安全。

（二）储存与运输安全

危险化学品（以下简称"危化品"）的安全储存和运输是火力发电厂安全管理的重中之重。危化品种类繁多，包括易燃、易爆、腐蚀性、毒害性等多种类型，一旦储存或运输不当，极易引发火灾、爆炸、中毒等重大安全事故，给人员生命财产安全和环境保护带来巨大威胁。因此，火力发电厂必须严格遵循国家相关法律法规和行业标准，建立健全危化品安全管理制度，采取有效措施确保其储存、运输全过程的安全可控。

在危化品储存方面，火力发电厂应根据不同危化品的理化特性和危险性，科学规划并建设专门的储存场所。储存场所须符合防火、防爆、防雷、防静电、通风、防晒等要求，并配备完善的安全设施，如监测报警装置、应急处置装备等。储存的危化品必须按照兼容性原则分类、分区、分架存放，并设置明显的标识标牌。同时，要严格控制储存量和储存期限，超量或超期储存的危化品要及时处置，避免形成重大危险源。

在危化品运输方面，火力发电厂应选择具备相应资质的专业运输队伍，严禁使用无证或证照过期的运输工具和人员。运输前，要对危化品包装进行严格检查，确保其完好无损、标识明显；对运输工具逐一检查，确保其性能良好、安全设施齐全有效。运输过程中，要合理规划运输路线，避开人口密集区、交通要道和环境敏感区，并做好实时监控和跟踪。一旦发生泄漏、火灾等突发事件，要立即启动应急预案，及时控制事态，最大限度地降低损失。

危化品从业人员是确保储存运输安全的关键因素。火力发电厂要加强对危化品从业人员的安全教育和专业培训，增强其安全意识和责任心，提高其对危化品性质危害的认知水平和应急处置能力。要建立从业人员持证上岗制度，定期开展考核，及时调离不合格人员。在日常管理中，要强化危化品出入库、装卸作业等关键环节的安全监管，严格落实领取、保管、使用登记制度，做到可追溯、可核查。

完善的法规制度体系是危化品储存运输安全管理的重要保障。火力发电厂要根据国家相关法律，如《危险化学品安全管理条例》等，并结合企业自身实际，制定系统完善的危化品安全管理制度，明确各级管理人员和从业人员的安全职责，严格规范各个作业环节，加大违章违纪行为的问责力度。同时，要定期开展危化品安全管理体系的评审和考核，及时发现和整改问题隐患，确保其有效运行。

（三）泄漏应急处理

火力发电厂运行过程中不可避免会涉及各类危险化学品的使用，如易燃易爆物质、腐蚀性液体、有毒气体等。一旦发生泄漏事故，不仅会对设备设施造成破坏，污染环境，更可能危及人身安全。因此，建立完善的危险化学品泄漏应急处理机制，是保障火力发电厂安全生产的重要举措。

从风险识别与评估入手，是开展危险化学品泄漏应急处理工作的基础。火力发电厂应全面梳理生产运行各环节涉及的危险化学品种类、数量、位置分布等信息，针对性地识别可能导致泄漏事故的风险因素，如储存条件不当、输送管道老化、操作失误等。在此基础上，运用定性或定量的风险评估方法，分析各类风险因素导致泄漏事故的可能性和危害程度，确定风险等级，为后续制定有针对性的应急预案提供依据。

建立快速响应机制是及时控制泄漏事故、减轻危害后果的关键。一方面，火力发电厂应配备完善的泄漏监测和报警系统，在危险化学品储存区、输送管线等重点部位安装气体探测器、压力传感器等设备，实现泄漏的早期预警及及时发现；另一方面，应制定详细的事故报告和响应流程，明确事故发生后的报告对象、报告方式、响应时限等，确保相关人员能够迅速获知事故信息，及时采取应对措施。同时，还应定期开展应急演练，提高员工的应急处置能力和协同配合水平。

科学制定应急处置方案是有效开展泄漏事故应急处理工作的重要保障。针对不同类型、不同程度的泄漏事故，火力发电厂应预先制定完善、可操作的应急处置方案。方案应明确事故处置的总体原则、现场应急指挥体系、应急处置流程、注意事项等内容，为应急人员提供明确的行动指南。在具体处置措施方面，要做到"三管齐下"，即控制泄漏源、防止泄漏扩散、消除泄漏危害。常用的处置措施包括关闭阀门、堵塞裂口、转移物料、稀释中和、覆盖吸附等。同时，要注意做好现场警戒和人员疏散工作，防止无关人员进入危险区域，避免发生次生事故。

后期泄漏污染治理和事故调查评估也是应急处理工作的重要组成部分。泄漏事故得到有效控制后，要及时开展现场污染物的收集和处理，避免对周边环境产生二次污染。针对泄漏污染的土壤和水体，可采用物理法、化学法、生物法等方法进行修复和治理，尽可能减轻事故造成的环境影响。同时，还要认真开展事故原因调查和损失评估工作，查明事故发生的根本原因，吸取事故教训，并据此完善风险防控措施和应急预案，不断提升火力发电厂的本质安全水平。

四、安全生产自动化技术

（一）自动化控制系统

自动化控制系统是火力发电厂安全管理的重要技术保障。它通过对生产过程各个环节的实时监测和智能调节，确保设备在最佳工况下运行，防患于未然。自动化控制系统主要由数据采集单元、控制器、执行机构和人机界面等组成。其中，数据采集单元负责实时采集各类传感器的数据信号，如温度、压力、流量、液位等，为后续控制决策提供可靠依据；控制器则是自动化控制系统的核心，它根据预设的控制策略和算法，对采集的数据进行分析处理，进而向执行机构下达控制指令；执行机构包括各类阀门、泵、风机等，它们按照控制器的指令对生产过程进行直接调节，实现对工艺参数的优化控制；人机界面为操作人员提供了友好、直观的人机交互方式，便于实时监视生产状态，调整控制参数。

在电气系统安全管理方面，自动化控制系统也发挥着关键作用。它通过对发电机、变压器、断路器等关键电气设备的运行状态进行实时监测，及时发现潜在的故障隐患。例如，变压器是电力系统的核心设备之一，其绕组温度、油位、局部放电等参数直接影响设备安全。自动化控制系统利用光纤测温、气相色谱等先进传感技术，对变压器状态进行全天候、多参数监测。一旦发现油温异常上升、油位下降、局放超标等先兆，系统可立即向值班人员报警，并根据故障严重程度采取相应的保护动作，如减负荷运行、跳闸等，避免设备损坏和事故扩大。

在环保管理方面，火力发电厂大量排放的烟气对大气环境构成严重威胁。烟气中含有大量粉尘、二氧化硫、氮氧化物等污染物，不仅危害人体健康，还会导致酸雨、光化学烟雾等环境问题。为有效控制污染物排放，自动化烟气处理系统应运而生。该系统通过对烟气成分、温度、流量等参数的实时在线监测，优化控制除尘器、脱硫塔、脱硝装置等环保设施的运行工况。例如，在电袋复合除尘系统中，自动化控制可根据烟气含尘量的变化，实时调节电场电压、清灰周期等，在保证净化效率的同时最大限度地降低能耗。在石灰石—石膏法脱硫系统中，自动化控制通过优化雾化器喷淋、pH值调节、氧化风供给等环节，确保脱硫效率稳定在95%以上。

（二）生产过程监控

火力发电厂生产过程监控是安全管理的重要技术措施，对保障机组安全、稳定、高效运行具有重要意义。生产过程监控实质上是通过对设备运行状态、工艺参数等关键信息的实时采集和分析，及时发现异常情况，预防事故发生。这一过程涉及监测系统、数据处理、智能分析等多个环节，需要先进的技术手段和科学的管理方法。

生产过程监控的首要任务是获取全面、准确的设备和工艺数据。这就要求监测系统具备完善的传感器布局，能够覆盖锅炉、汽轮机、发电机等关键设备的各个部位。同时，传感器的性能指标，如精度、响应速度、可靠性等，也应满足实际需求。目前，随着物联网、工业以太网等新兴技术的发展，智能传感器和无线传输技术得到广泛应用，极大地提升了数据采集的灵活度和效率。但也应看到，恶劣的现场环境对设备的防护等级提出了更高要求，这需要在选型时予以重点考虑。

海量监测数据的有效处理是生产过程监控的关键。传统的人工巡检和定期分析已难以应对日益复杂的生产工况，必须借助先进的计算机技术和智能算法。通过设置合理的数据采样频率，对原始数据进行噪声消除、特征提取等预处理，可以滤除干扰信息，提升数据质量。在此基础上，利用大数据分析、机器学习等技术，建立设备性能衰减模型、工艺偏差判据等，就能实现设备状态和过程参数的量化评估，及时发现设备隐患和工艺异常。值得一提的是，面对海量数据带来的计算压力，云计算、边缘计算等分布式架构为系统性能优化提供了新的思路。

智能分析决策是生产过程监控的终极目标。单纯依靠经验判断和人工处置已不能满足日益严格的安全生产要求，必须以数据为驱动，甄别风险隐患，优化调度决策。这就需要构建场景化的知识库和规则库，将各专业领域的经验、标准以及典型案例等固化为计算机可识别的形式。同时，还要充分利用人工智能技术，通过机器学习算法发掘数据内在联系，形成风险预警模型和智能决策模型。一旦监测数据出现异常，系统就能第一时间给出警告提示，并提供可能的原因分析和处置建议，辅助运行人员快速诊断并制定针对性措施，将事故消灭在萌芽状态。

（三）故障诊断与预警

故障诊断与预警技术是保障火力发电厂安全、稳定、高效运行的关键。随着现代信息技术的飞速发展，传统的人工巡检和事后处理模式已难以满足日益复杂的生产需求。因此，开发智能化、自动化的故障诊断与预警系统，成为提升火力发电厂安全管理水平的必然选择。

智能故障诊断系统通过对设备运行数据进行实时采集和分析，能够及时发现设备潜在的异常和故障。相比人工检测，智能故障诊断系统具有反应速度快、精度高、连续性强等优势。利用大数据挖掘、机器学习等先进算法，智能故障诊断系统能够从海量数据中提取有效特征，建立设备健康状态评估模型，实现对关键部件的多参数融合诊断。一旦发现异常征兆，智能故障诊断系统可自动报警，为检修人员提供决策支持，避免设备带"病"运行。

预警技术在故障诊断的基础上更进一步，强调对设备未来健康状态的预测和预判。通过分析设备历史运行数据，预警系统能够掌握设备退化规律，建立故障预测模型。一方面，该模型能推断出当前状态下设备的剩余使用寿命，合理制定检修计划；另一方面，模型还能模拟设备在不同工况下的性能表现，找出可能诱发故障的高危工况，从而实现提前预警，未雨绸缪。

基于物联网、云计算等新一代信息技术，故障诊断与预警技术还呈现出智能感知、集中管理、移动互联的发展趋势。在发电设备上部署各类传感器，形成全面的状态监测网络；汇聚海量数据至云端管理平台，实现数据共享和集中诊断；利用移动终端 App，让诊断结果随时随地触手可及。这些创新应用模式提高了故障诊断的时效性和便捷性，推动火力发电安全管理向更高层次迈进。

故障诊断与预警技术是智慧火电建设的重要内容，也是安全管理变革的必然趋势。站在新时代的起点，火电企业应以开放创新的姿态，加强产学研用合作，在关键核心技术领域"补短板""锻长板"，加速科技成果转化应用，不断提升故障诊断与预警的智能化水平。唯有如此，才能筑牢本质安全的"防火墙"，为火电高质量发展保驾护航。面向未来，故障诊断与预警技术必将在火电安全管理过程中发挥更大作用，成为护航行业转型升级的中流砥柱。让我们携手并进，用智慧和汗水共同开创火电安全发展的崭新篇章。

五、环境监测与保护技术

（一）空气质量监测

火力发电厂空气质量监测是保障火力发电厂安全稳定运行、实现清洁生产的重要技术手段。随着我国环境保护政策法规的日益完善和公众环保意识的不断提高，加强火力发电厂大气污染物排放监控已成为电力行业可持续发展的迫切需求。作为火力发电厂环境管理体系的关键组成部分，空气质量监测技术在污染源头控制、生产过程优化、末端治理等方面发挥着不可替代的作用。

从污染源头控制的角度看，空气质量监测为精准识别和定量评估各类大气污染物的排放状况提供了可靠依据。通过在锅炉燃烧系统、脱硫脱硝装置等关键工艺单元布设在线监测仪器，火力发电厂可实时掌握二氧化硫、氮氧化物、烟尘等主要污染物的排放浓度和排放量，及时发现超标排放行为，并采取有针对性的控制措施。同时，监测数据的累积和分析还能帮助火力发电厂管理者全面评估环保设施的运行效率，优化工艺参数，从源头上减少污染物的产生。

在生产过程优化方面，空气质量监测为深度挖掘节能减排潜力、提升火力发电厂清洁生产水平提供了重要支撑。通过开展对烟气成分、温度、流速等参数的在线监测，火力发电厂可准确把握燃烧状况和脱硫脱硝效果，并据此优化锅炉运行工况、调整环保设施工艺参数，实现污染物排放的精细化管控。同时，监测数据的智能分析还能帮助火力发电厂及时发现设备故障、判断系统异常，避免事故排放，确保生产过程的环境友好性。

末端治理是火力发电厂大气污染控制的最后一道防线，空气质量监测则是评判末端治理效果的关键依据。通过对火力发电厂烟囱排放口的污染物浓度进行连续监测，环保部门可掌握火力发电厂污染物排放的动态变化情况，及时发现超标排放行为。一旦出现异常，监测数据可为溯源分析、责任认定提供可靠凭据，督促火力发电厂提高末端污染治理水平，严格遵守排放标准。与此同时，监测数据的公开透明也有利于接受社会监督，推动火力发电厂不断改进环保设施、提升治理效果。

（二）水质监测技术

水质监测技术是火力发电厂安全管理体系中不可或缺的环节。火力发电厂在生产过程中会产生大量废水，如果不加以有效处理和监控，就可能对周边环境造成严重污染，危及人类健康和生态安全。因此，建立完善的水质监测技术体系，实时掌握火力发电厂废水排放情况，及时发现和处理水质异常，对于保障火力发电厂安全运行、维护生态环境具有重要意义。

从监测指标来看，火力发电厂水质监测需要全面考查废水的各项理化指标，如pH值、化学需氧量、悬浮物、重金属含量等。其中，pH值反映了废水的酸碱度，是评价水质的基本指标之一；化学需氧量则体现了废水中有机物含量的高低，过高的化学需氧量意味着水体受到严重的有机污染；悬浮物指废水中悬浮的固体颗粒，大量悬浮物会导致水体混浊，影响水质；重金属污染更是火力发电厂水质监测的重点，火力发电厂废水中常见的重金属包括汞、铅、镉等，这些重金属极易在生物体内富集并产生毒害作用，危害生态环境和人体健康。除了这些常规指标外，火力发电厂水质监测还需要根据具体情况，选择性检测氨氮、硫化物、氰化物等特征污染物指标。只有全面监测废水的各项指标，才能准确评价水质状况，为火力发电厂环保决策提供科学依据。

从监测方法看，火力发电厂水质监测需要运用多种先进技术手段。传统的水质监测主要采用人工采样和实验室分析的方法，存在监测频率低、及时性差等缺陷。而现代水质监测技术则更加注重自动化、智能化和在线化。例如，在线水质监测系统可以通过传感器实时采集废水的各项参数，并将数据上传至监控中心，实现水质的连续监测和远程诊断。另外，火力发电厂还可以引入紫外-可见分光光度法、原子吸收分光光度法等先进的实验分析技术，大大提高水质监测的精确度和灵敏度。随着大数据、云计算、人工智能等新兴技术的发展，火力发电厂水质监测有望进一步实现数据的高效处理和智能化预警，为火力发电厂环保管理提供更加高效、精准的技术支撑。

从监测体系看，火力发电厂需要构建完善的水质监测组织架构和管理制度。一方面，火力发电厂要成立专门的环保监测部门，配备专职人员和先进设备，负责日常的水质监测工作。同时，还要建立严格的监测流程和质量控制体系，确保监测数据的准确可靠。另一方面，火力发电厂要加强与地方环保部门的沟通协作，定期向环保部门报送监测数据，接受环保部门的监督检查。一旦发现水质异常，火力发电厂要立即启动应急预案，采取有效措施控制污染，并及时向环保部门报告。只有将企业自律与政府监管相结合，内部监测与外部监督相配套，才能形成全方位、立体化的水质监测防线，为火力发电厂的安全生产和环境保护提供有力保障。

（三）噪声与振动监测

火力发电厂噪声与振动监测是安全管理技术措施中的重要内容。噪声与振动不仅会影响设备的正常运行，降低其使用寿命，更会对工作人员的身心健康造成不利影响。因此，建立完善的噪声与振动监测体系，实现对噪声与振动的有效控制和管理，对于保障火力发电厂的安全稳定运行具有重要意义。

噪声监测是噪声与振动监测的重点内容之一。火力发电厂的主要噪声源包括锅炉、汽轮机、发电机、各类泵体等设备。这些设备在运行过程中会产生较大的噪声，其中部分噪声强度可超过90 dB。长期处于高噪声环境中，不仅会影响工作人员的听力健康，还会引发头痛、失眠、注意力不集中等症状，降低工作效率和安全意识。为了有效控制噪声危害，火力发电厂需要配备专业的噪声监测设备，如噪声计、频谱分析仪等，实时监测各区域的噪声水平。同时，还应根据国家标准和行业规范，合理设置监测点位，科学分析监测数据，及时发现和解决噪声超标问题。

除了噪声监测外，振动监测也是噪声与振动监测过程中不可或缺的一部分。火力发电厂的锅炉、汽轮机等大型旋转设备在高速运转时会产生剧烈振动，长此以往会加速设备的磨损和老化，甚至引发设备故障和事故。针对这一问题，火力发电厂需要在振动易发部位安装振动传感器，实时采集和分析振动信号。一旦发现异常振动，要第一时间查明原因，采取有效措施加以控制。常见的振动控制措施包括优化设备选型、改进安装工艺、加强日常维护等。值得一提的是，随着人工智能和大数据技术的发展，火力发电厂还可以利用这些新兴技术，建立振动监测预警模型，提前预判和诊断设备的健康状态，从而实现振动的智能化管控。

综合噪声监测和振动监测的数据，火力发电厂还应定期开展噪声与振动评估。评估内容包括噪声与振动的来源、传播途径、影响范围，以及噪声与振动控制措施的有效性和可改进空间等。通过科学评估，火力发电厂可以准确判断噪声与振动的危害程度，有针对性地制定和完善防治方案。一个优秀的噪声与振动防治方案，应该坚持"预防为主、防治结合"的原则，将控制噪声与振动的措施落实到设备选型、安装、运行、维护的全生命周期，并通过加强员工培训和应急演练，提高其安全防范意识和处置能力。

第五节 安全管理的培训与教育

一、安全培训的内容设计

（一）法规与标准培训

在火力发电厂的安全管理体系中，法规与标准培训是至关重要的一环。它为员工提供了安全生产的基本准则和行为规范，是预防事故发生、保障人身和设备安全的重要保证。只有通过系统、规范的法规与标准培训，才能真正提高员工的安全意识和技能水平，筑牢火力发电厂安全生产的防火墙。

法规与标准培训的内容应该全面覆盖火力发电厂安全生产的各个方面。首先，要对国家和地方政府颁布的安全生产法律法规进行深入解读，如《中华人民共和国安全生产法》《电力安全生产规程》等，使员工明确安全生产的法律责任和义务。其次，要详细讲解电力行业的各项技术标准和规范，如《火力发电厂安全管理导则》《火力发电厂锅炉及辅机安全技术规程》等，帮助员工掌握安全操作的具体要求和标准。再次，要针对火力发电厂的生产特点，制定切合实际的安全管理制度和操作规程，并纳入培训内容，确保员工熟知并严格执行。最后，还应该重点强调火力发电厂特有的安全风险和事故案例，剖析事故原因，总结经验教训，提高员工的警惕性和应急处置能力。

法规与标准培训要坚持理论与实践相结合的原则。单纯的理论灌输既难以引起员工的共鸣和重视，也无法真正提高其安全技能。因此，在讲解法规标准的同时，要充分利用多媒体、案例、情境模拟等教学手段，增强培训的直观性和互动性。更重要的是，要将培训内容与员工的实际工作紧密结合起来，通过现场示范、实操练习等方式，帮助员工将安全要求内化为自觉行动。只有将安全法规标准落实到日常工作中的每个细节，才能从根本上杜绝"三违"行为，防患于未然。

法规与标准培训还应该突出重点，分层分类开展。火力发电厂员工的工种、专业各不相同，面临的安全风险也存在差异。因此，在培训中要针对不同岗位的特点，有侧重地进行安全教育。例如，对从事高压电作业的员工，要重点强调触电防护和带电作业等方面的安全要求；对锅炉运行人员，要突出锅炉的安全操作规程和事故应急处理流程；对化学水处理等特殊岗位的员工，要详细讲解有毒有害化学品的安全管理制度；等等。同时，对于新员工和转岗员工，还应该在日常培训的基础上，增加针对性的安全教育，帮助他们尽快熟悉岗位安全要求，适应新的工作环境。

（二）应急处理培训

应急处理培训是火力发电厂安全管理体系中的关键环节。火力发电厂生产过程中存在着诸多潜在危险，如锅炉爆管、汽轮机事故、化学品泄漏等，一旦发生，不仅会造成设备损坏、电力供应中断，更可能危及人身安全。因此，切实开展应急处理培训，提高全体员工的应急反应能力和处置水平，对于保障火力发电厂安全稳定运行至关重要。

应急处理培训内容应涵盖火力发电厂生产过程中可能出现的各类突发事件。针对不同工种、不同岗位，培训重点应有所侧重。如锅炉运行人员需重点掌握锅炉水位失调、压力异常等情况的处理方法；汽机运行人员需熟悉汽轮机故障判断与处理流程；化学班人员则要着重学习危险化学品泄漏的应急处置措施。同时，培训还应包括事故报告、疏散逃生、现场救援、医疗急救等通用内容。唯有兼顾全面性和针对性，才能使应急处理培训发挥最大效用。

在培训方式上，应急处理培训要坚持理论与实践相结合。通过课堂讲授，系统传授应急处理的基本原则、操作规程和安全防范知识；通过案例分析，引导学员吸取事故教训，掌握实战经验；通过情境模拟，让学员在逼真的环境中强化应急处置能力；通过实地演练，检验培训成果，查找薄弱环节。多种培训方式交替运用，能够达到事半功倍的效果。

应急处理培训要形成常态化机制。培训不应是一次性活动，而应根据火力发电厂实际，建立定期培训、持续改进的长效机制。可以每年组织一次全员培训，针对新员工、转岗员工开设专门课程，并对关键岗位人员进行重点强化训练。日常生产中，还应经常开展应急演练，让全体员工时刻保持警惕和敏感。一旦遇到突发情况，只有沉着冷静、按章行事，才能将事故影响和损失降到最低。

应急处理培训质量的高低，直接关系火力发电厂本质安全水平。培训效果评估与持续改进必须引起高度重视。可通过理论考试、实际操作、模拟演练等多种方式，全方位考察培训对象的知识掌握情况和实践运用情况。对于考核不合格者，要举一反三剖析原因，有针对性地进行再培训；对于暴露出的普遍问题，要及时修订完善培训方案，不断提升培训的针对性和有效性。唯有常抓不懈，日臻完善，才能使应急处理培训发挥应有作用。

（三）操作规程培训

操作规程培训是火力发电厂安全管理的重要组成部分，对于保障火力发电厂安全生产、提高设备运行效率具有重要意义。火力发电厂涉及锅炉、汽轮机、发电机等多个复杂系统，每个系统都有其特定的操作规程和技术标准。只有严格按照规程进行操作，才能确保设备的安全稳定运行。因此，有针对性地开展操作规程培训，提高员工的规程意识和操作技能，是火力发电厂安全管理的关键所在。

从知识层面看，操作规程培训有助于使员工全面掌握火力发电厂设备的工作原理、性能特点和操作要求。通过系统学习规程内容，员工能够深入理解各项操作的目的和依据，明确操作步骤、注意事项和安全保护措施，从而在实际工作中严格遵守规程，避免盲目操作或违章作业。同时，规程培训还能帮助员工及时了解设备技术升级和规程修订的最新动态，不断更新知识储备，适应火力发电厂发展的需要。

从能力层面看，操作规程培训是提升员工实际操作水平的有效途径。通过理论学习与实践演练相结合，员工能够熟练掌握规程要求的各项操作，提高动手能力和应急处置水平。在培训过程中，员工不仅要学会如何正确操作设备，更要掌握如何分析和处理各种异常工况，提高快速反应和果断决策的能力。通过案例分析、情境模拟等多样化的培训方式，员工的综合业务素质能够得到全面提升。

从态度层面看，操作规程培训有利于增强员工的规程意识和安全责任感。长期以来，部分员工存在着"重实践、轻理论"的思想倾向，认为只要凭借经验就能操作好设备，忽视了规程的重要性。而通过规程培训，员工能够深刻认识违反操作规程的严重后果，树立"安全第一、规程至上"的意识，自觉遵守各项规章制度，提高工作的严谨性和纪律性。同时，规程培训还能培养并强化员工的主人翁意识，使其将设备安全与自身利益紧密联系起来，形成"人人都是安全员"的良好氛围。

二、安全教育的实施方法与改进

（一）安全教育实施方法

1. 课堂教学

课堂教学是火力发电厂安全管理培训与教育的重要组成部分。相较于实地演练和多媒体教学等其他方式，课堂教学在系统传授安全知识、培养员工安全意识方面具有独特优势。在课堂教学中，教师可以有针对性地讲解火力发电厂安全生产的法律法规、行业标准和操作规程，帮助员工全面了解安全生产的基本要求和具体规定。通过案例分析、情境模拟等教学方法，教师还能引导员工深入思考安全生产中的典型问题，提高其分析问题、解决问题的能力。

课堂教学的系统性和连贯性有利于员工构建完整的安全知识体系。在课堂上，教师可以按照安全管理的内在逻辑，由浅入深、循序渐进地讲解各项安全知识，使员工能够理解每一个知识点的内涵和重要性，掌握它们之间的内在联系。同时，课堂教学还为员工提供了一个集中学习、系统思考的机会。远离生产一线的嘈杂环境，员工可以静下心来，专注于安全知识的学习和消化，加深对安全生产规律的认识和理解。

课堂教学还是培养员工安全意识、提高安全素养的重要途径。在课堂上，教师不仅传授安全知识，更重要的是引导员工形成安全第一的价值观念和责任意识。通过分析安全事故的惨痛教训，剖析安全生产的深层次原因，教师可以使员工真正认识安全的重要性，增强其安全生产的主人翁意识。同时，课堂教学还为员工提供了一个相互交流、共同提高的平台。员工可以畅所欲言，分享自己在安全生产过程中的经验和教训，相互启发，共同进步，形成良好的安全文化氛围。

当然，要充分发挥课堂教学在安全管理培训与教育过程中的作用，还需要不断创新教学内容和方法。一方面，教师要紧密结合火力发电厂安全生产的实际需求，及时更新教学内容，突出教学重点。针对火力发电厂安全管理中的难点、痛点问题，教师要加大教学力度，通过深入浅出的讲解、生动形象的示例，帮助员工理解和掌握。另一方面，教师要积极运用多种教学方法，调动员工的学习积极性。案例教学、情境模拟、小组讨论等互动式教学方法，能够有效激发员工的学习兴趣，增强教学效果。多媒体技术、在线教学平台等现代教育技术的运用，也能够为课堂教学注入新的活力。

2. 实地演练

实地演练是安全教育中最为直观、最能激发学员学习兴趣的教学方式。与课堂讲授、案例分析等传统教学方法相比，实地演练能够将抽象的安全知识转化为具体的操作步骤，让学员在模拟现实情境中亲身体验各种安全风险，并掌握相应的应对策略。这种沉浸式、交互式的学习方式不仅能够加深学员对安全知识的理解和记忆，更能够提高其安全意识和实践能力。

在火力发电厂的安全培训中，实地演练环节必不可少。通过在真实的生产现场开展各种应急演习，如火灾扑救、化学品泄漏处置、高空作业救援等，学员能够切身感受安全生产的重要性，树立高度的责任意识。同时，在演练过程中，学员需要严格遵循安全操作规程，正确使用各种防护装备，与他人密切配合，这些都有助于其养成规范、严谨的作业习惯，提高安全技能水平。

为了确保实地演练达到预期的培训效果，教师需要在前期做好充分准备。首先，要根据培训对象的特点和实际工作需要，精心设计演练方案，并对演练过程进行详细规划和分工；其次，要选择合适的演练场地，尽可能还原真实的作业环境，同时要全面排查安全隐患，做好应急预案；再次，要准备好必要的器材设备和防护用品，确保演练顺利进行；最后，要做好人员组织和现场管理工作，明确各参与人员的职责分工，严格把控演练节奏和安全底线。

实地演练要坚持以学员为中心，充分调动其主动性和积极性。教师要为学员创设探究性问题情境，引导其运用所学知识分析、判断和解决问题，而不是简单地进行操作步骤的机械化训练。在演练过程中，教师还要关注每一位学员的表现，适时给予点拨指导，帮助其克服困难，提升能力。对于表现突出的学员，要予以表扬鼓励；对于存在不足的学员，要耐心地进行个别辅导。只有让每一位学员都有机会参与其中、展现自我，实地演练才能达到预期的培训效果。

演练结束后，教师要组织学员开展总结反思。通过回顾演练过程，学员能够系统梳理和巩固所学知识，查找并改进自己在实践中存在的不足，提高知识运用能力。同时，学员之间还可以相互交流心得体会，分享成功经验，达到共同提高的目的。对于演练中暴露出的普遍性问题，教师要高度重视，及时采取针对性措施加以解决，并在后续教学过程中予以回避。

3. 多媒体教学

多媒体教学以其丰富的表现形式和强大的交互功能，为安全培训教育注入了新的活力。相比传统的课堂讲授和实地演练，多媒体教学能够更直观、更生动地呈现安全知识和操作流程，大大增强了培训效果。通过文字、图片、音频、视频等多种媒体的综合运用，多媒体教学能够全方位、多角度地展示安全信息，使抽象的概念形象化，复杂的过程简单化。学员在身临其境的学习体验中，能够更快速、更准确地理解和掌握安全知识。

同时，多媒体教学还能够实现人机交互，为学员提供自主学习的平台。学员可以根据自己的学习进度和理解程度，灵活地控制教学内容的播放，并通过在线测试、情境模拟等互动环节巩固所学知识。这种个性化、主动式的学习模式，能够充分调动学员的积极性和创造性，使其成为学习的主人。与此同时，教师也可以利用多媒体平台实时监测学员的学习状态，针对性地进行指导和答疑，实现教学相长。

此外，多媒体教学还大大拓展了安全培训的时空范围。借助网络技术，学员可以突破时间和地点的限制，随时随地进行在线学习。这对于工作繁忙、难以抽身参加集中培训的员工来说尤为重要。他们可以利用碎片化时间，通过手机、平板电脑等移动终端访问教学资源，实现工学结合、寓教于乐。多媒体教学也为跨区域、跨部门的安全知识共享提供了便利，有利于企业内部形成良好的安全文化氛围。

（二）安全教育的持续改进

1. 教学内容更新

教学内容的更新是保证火力发电厂安全培训与教育长期有效性的关键。随着火力发电厂生产技术的不断进步和安全管理理念的持续创新，传统的安全教学内容已经难以完全满足新形势下员工安全素质提升的要求。因此，及时更新和优化安全教学内容，已经成为火力发电厂安全管理者的重要职责和不懈追求。

系统梳理生产工艺流程是提升安全教学内容针对性的重要途径。火力发电厂生产工艺复杂，涉及锅炉、汽轮机、发电机等多个关键设备，各工艺环节之间又存在着紧密的逻辑关联。如果教学内容脱离工艺实际，泛泛而谈，就难以给学员留下深刻印象，更谈不上灵活运用和举一反三。因此，安全管理者应深入一线，系统分析生产流程，厘清各工艺环节的安全风险点，有针对性地设计教学内容。通过将安全知识与具体工艺相结合，学员能够更直观地认识安全生产规律，构建完整、系统的安全知识体系，从而最大限度地预防和控制事故风险。

引入事故案例分析是增强安全教学内容警示性的有效方法。一个鲜活、典型的事故案例，往往能给学员以强烈的视觉和心理冲击，引发其对安全问题的深入思考。在教学过程中，教师应精心选取火力发电领域内外的事故案例，引导学员从事故发生的原因、经过、后果等方面进行全面剖析，总结事故教训，汲取安全管理经验。通过案例分析，学员能够真切感受安全生产的极端重要性，进一步增强安全意识和责任感。同时，案例教学还能够帮助学员掌握事故预防和应急处置的基本方法，为其未来安全工作实践奠定坚实基础。

融入最新安全科研成果是拓展安全教学内容前瞻性的重要方向。随着电力安全科学技术的飞速发展，一些新型安全监测和预警设备、先进事故分析和应急处置方法不断涌现，这些研究成果代表了火力发电安全管理的最新趋势和未来方向。为了使教学内容紧跟时代步伐，与生产实践相适应，教师应及时将这些前沿科研成果引入课堂。一方面，教师可以介绍新型安全装备的工作原理和应用效果，帮助学员了解和掌握先进的事故防范手段；另一方面，教师还可以讲解创新性事故分析模型和应急处置流程，拓展学员安全管理思路，提升其分析问题、解决问题的能力。唯有让教学内容始终处于安全科技最前沿，才能不断激发学员学习热情，引领火力发电厂安全管理实现创新发展。

2. 教学方法创新

创新教学方法是提升火力发电厂安全管理培训效果的关键。传统的安全教育往往以单向灌输为主，教师照本宣科地讲授安全知识，学员被动地记忆和接受，缺乏互动和参与，难以调动学习的积极性。这种教学模式不仅难以达到预期的培训目标，更难以满足新时代安全管理人才培养的需求。因此，深化安全培训教学改革，创新教学方法和手段，已经成为提升火力发电厂安全管理水平的迫切需要。

情境模拟是一种行之有效的创新教学方法。通过构建逼真的事故情境，学员可以身临其境地感受事故发生的过程，了解事故原因、危害和应对措施。这种沉浸式的学习体验能够加深学员对安全知识的理解和记忆，提高其应急处置能力。同时，情境模拟还能够暴露安全管理过程中存在的漏洞和不足，为完善安全制度、优化工作流程提供参考。例如，教师可以设计一个锅炉爆管事故情境，要求学员分析事故原因，制定应急预案，组织救援演练。在这一过程中，学员不仅能够掌握锅炉安全管理的相关知识，更能锻炼其临场应变、组织协调的能力。

案例教学是另一种富有成效的创新教学方法。现实生活中的安全事故案例具有典型性和警示性，是安全教育的生动教材。教师可以收集火力发电厂安全管理的优秀案例和反面教材，引导学员剖析案例，总结经验教训。通过案例教学，学员能够从实际问题出发，运用所学知识分析原因，提出对策，将理论与实践相结合。同时，优秀案例还能够以身作则，树立安全管理标杆，激发学员的认同感和使命感。而血淋淋的事故案例能够敲响警钟，增强学员的警惕性和责任感。

启发式提问是创新教学方法中不可或缺的环节。在安全培训中，教师应注重启发式提问，引导学员独立思考，主动建构知识体系。这种教学方式能够调动学员的主观能动性，激发其求知欲和探究精神。例如，在学习个人防护装备使用的相关知识时，教师可以抛出一个开放性问题："如何正确佩戴防毒面具？"学员需要回顾所学知识，思考解决方案，或通过小组讨论、查阅资料等方式获得答案。在这一过程中，学员不仅掌握了知识要点，更锻炼了分析问题、解决问题的能力。启发式提问还能培养学员的批判性思维，引导其挑战权威、质疑传统，在继承中发展，在发展中创新。

第四章　火力发电厂运营的实时监控和事故预防

第一节　实时监控系统的构建

一、实时监控系统的硬件构建

（一）传感器选择

火力发电厂实时监控系统的构建需要从传感器选择入手，这是数据采集的基础和前提。传感器作为实时监控系统的"触角"，直接影响着数据采集的质量和效率。因此，科学、合理地选择传感器对于保障火力发电厂安全运行至关重要。

传感器的选择需要综合考虑多方面因素。首先，要根据监测对象和监测指标确定传感器类型。火力发电厂涉及锅炉、汽轮机、发电机等多个关键设备，对温度、压力、流量、振动等参数都有实时监测的需求。针对温度监测，可选用热电偶、热电阻等传感器；针对压力监测，可选用压阻式、电容式压力传感器；针对流量监测，可选用电磁流量计、超声波流量计等。只有选对传感器类型，才能满足不同设备和参数的监测要求。

其次，传感器的技术指标也是选型的重点。测量范围、精度、响应时间、稳定性、可靠性等指标直接决定了数据采集的性能。例如：温度传感器的测量范围要覆盖锅炉、汽轮机的工作温度，一般在 0~1 000 ℃；压力传感器的量程要匹配设备的额定工作压力，同时具备一定的过载能力；流量传感器要适应水、蒸汽等介质的测量，并且保证一定的测量准确度。传感器指标的选择要兼顾技术先进性和经济合理性，既要满足监测需求，又要控制建设成本。

再次，传感器的适应性也不容忽视。火力发电厂普遍存在高温、高压、强电磁干扰等恶劣工况，对传感器的环境适应性提出了很高要求。因此，所选传感器必须具备良好的抗干扰能力、防护等级和长期稳定性。例如：可选用隔爆型压力变送器，提高本质安全性；采用智能化温度变送器，提高抗干扰性和测量精度；选用防腐型流量计，适应复杂介质的测量需求。只有选择适应性强的传感器，才能保证恶劣环境下数据采集的有效性和连续性。

最后，传感器的供应商选择也是一项重要工作。优质的供应商不仅能提供高性能、高可靠的产品，还能提供完善的技术支持和售后服务。选择知名品牌、行业口碑好的厂商，建立长期战略合作关系，能够为实时监控系统的建设运维提供有力保障。同时，还要关注供应商的创新研发能力，紧跟传感技术前沿，引入新型传感器，为实时监控系统的升级换代提供支持。

（二）数据处理单元

数据处理单元是实时监控系统的核心组成部分，它承担着数据采集、传输、存储和分析等关键功能。数据处理单元的性能直接决定了监控系统的实时性、准确性和可靠性。为了满足火力发电厂实时监控的高要求，数据处理单元必须具备高速计算、大容量存储、多协议支持等特性。

从硬件架构看，高性能的工业级CPU是数据处理单元的核心。与普通商用CPU相比，工业级CPU在稳定性、可靠性、耐高温等方面具有明显优势，能够长时间稳定运行，适应恶劣的工业环境。同时，为了实现高速数据处理，数据处理单元还需配备大容量内存和高速缓存，提高数据读写速度。考虑到工业现场的电磁干扰问题，数据处理单元的硬件设计还需采用抗干扰措施，如电磁屏蔽、隔离保护等。

从软件架构看，实时操作系统是保障数据处理单元实时性的关键。实时操作系统具有高度的可裁剪性和模块化设计，能够根据具体应用需求进行定制和优化，最大限度地发挥硬件性能，满足实时数据处理的需求。在实时操作系统的基础上，数据处理单元还需配备专业的数据采集、数据库管理、数据分析等应用软件，实现数据的高效采集、可靠存储和智能分析。

在通信协议方面，数据处理单元需要支持多种工业通信协议，如Modbus、PROFIBUS、CANOpen等，以实现与各类传感器、执行器等现场设备的互联互通。同时，数据处理单元还需具备标准的网络通信接口，如以太网接口，以便与上位机系统进行数据交换和远程监控。

可靠的数据安全保障也是数据处理单元设计的重点。一方面，数据处理单元需要采用多重数据备份和冗余设计，防止因单点故障导致数据丢失；另一方面，还需建立完善的数据访问控制和加密机制，防止未经授权的访问和数据泄露。

在实际应用中，数据处理单元还需根据具体的监控对象和工艺流程进行定制化设计。以锅炉监控为例，数据处理单元需要重点采集和分析锅炉的温度、压力、流量、烟气成分等关键参数，并结合锅炉的工艺特点，设计专门的性能评估和故障诊断算法。而对于汽轮机监控，数据处理单元则需要重点关注汽轮机的转速、振动、位移等机械参数，并针对汽轮机的运行特性，开发专用的状态监测和寿命预测模型。

数据处理单元的设计需要综合考虑硬件架构、软件系统、通信协议、数据安全、应用需求等多方面因素，并根据具体的监控对象进行针对性的优化。只有在深入理解火力发电厂工艺流程和设备特点的基础上，合理选型、优化设计，才能真正发挥数据处理单元在实时监控系统中的核心作用，为火力发电厂的安全稳定运行提供可靠保障。

（三）显示与控制设备

在火力发电厂实时监控系统中，显示与控制设备是人机交互的重要界面，直接影响系统的可用性和运行效率。显示设备主要包括液晶显示器（liquid crystal display，LCD）、等离子显示器（plasma display panel，PDP）、投影仪等，它们将采集到的各类数据以直观、易读的方式呈现给操作人员，为其提供全面、准确的设备运行状态信息。例如，通过条形图、折线图等方式实时展示锅炉温度、压力等关键参数的变化趋势，或以报警信息的形式提示设备故障和异常情况。同时，触摸屏、鼠标、键盘等控制设备则为操作人员提供了直接干预系统运行的途径。通过控制界面，操作人员可以调整设备参数、下达控制指令，确保发电机组在最佳工况下运行。

显示与控制设备的选型和配置需要综合考虑多方面因素。首先，显示设备的分辨率、色彩、亮度等指标必须满足工业应用的要求，确保画面清晰、对比度适宜，即使在强光照射下也能保证良好的可视性。其次，显示设备应具备较强的环境适应性，耐受电磁干扰、高温、潮湿、震动等恶劣工况。再次，显示设备的尺寸、布局应符合人体工程学原理，方便操作人员长时间观察和操作。最后，考虑到火力发电厂的连续生产特点，显示设备还应具备高可靠性和易维护性，减少故障停机时间。而触摸屏、键盘等控制设备则应具备防尘、防水、耐腐蚀等特性，确保长期无故障运行。

在实时监控系统中，显示与控制设备通常采用分布式拓扑结构，即在不同的监控位置设置相应的显示与控制单元，并通过工业以太网或总线技术与数据处理单元和其他子系统互联。这种分布式结构具有较强的灵活性和可扩展性，便于根据需求增加或调整监控点。同时，在系统设计时还应充分考虑人机工程学因素，合理划分信息显示区域，优化人机交互流程，减轻操作人员的劳动强度和心理负担。例如，对于频繁出现的警报信息，可设置不同的颜色和闪烁方式加以区分，并提供一键确认、暂停等快捷操作，以提高事故处理效率。

先进、可靠的显示与控制设备是实时监控系统发挥效能的关键。液晶拼接墙、多点触控一体机等新兴显示和控制产品以其优越的显示效果、交互性能和集成度，在火力发电厂监控领域得到越来越广泛的应用。例如，超大尺寸的液晶拼接墙可将多个信息源无缝拼接，集中呈现锅炉、汽轮机、电气等各子系统的运行状态，使操作人员对火力发电厂的宏观把控更加直观、便捷。而多点触控一体机则将显示和控制功能高度集成，支持多人协同操作，大大简化了人机交互流程。这些新技术的引入，使火力发电厂实时监控的智能化水平不断提升，为安全、高效、清洁生产提供了坚实保障。

未来，随着人工智能、大数据、云计算等新一代信息技术的发展，火力发电厂实时监控系统中的显示与控制设备也将朝着更加智能化、网络化的方向演进。例如，基于虚拟现实（virtual reality，VR）、增强现实（augmented reality，AR）技术的新型人机交互系统有望问世，它可以将设备的实时运行数据与三维模型相结合，生成身临其境的沉浸式监控场景，使操作人员更加直观、准确地掌控设备状态。又如，融合了机器学习算法的预测性维护系统可以通过对海量历史数据的挖掘分析，提前预警设备的潜在故障，从而实现由"事后维修"向"预防维护"的转变。再如，远程协同诊断平台的建立，可以使各地专家通过网络实现对异常工况的会诊，提高故障诊断和处理的时效性。

二、实时监控系统的软件构建

（一）系统模块设计

实时监控系统的模块设计是火力发电厂安全稳定运行的关键。一个科学合理的模块设计能够有效提升系统的可靠性、可维护性和可扩展性，确保火力发电厂各项生产活动在受控状态下有序进行。在实时监控系统的模块设计中，需要充分考虑火力发电厂的生产工艺特点、设备布局、运行模式等因素，将复杂的监控任务分解为若干个相对独立又紧密联系的功能模块，实现系统结构的模块化和标准化。

具体而言，火力发电厂实时监控系统的模块设计应包括数据采集模块、数据处理模块、人机交互模块、故障诊断模块、报警管理模块等核心组成部分。其中，数据采集模块负责实时采集锅炉、汽轮机、发电机等关键设备的运行参数，如温度、压力、流量、振动等，为后续的数据分析和故障诊断提供原始依据；数据处理模块则利用先进的数字信号处理技术，对采集到的海量数据进行滤波、转换、压缩等预处理操作，提取其中的有效信息，并按照一定的规则和算法进行分类、存储和管理；人机交互模块通过友好的图形化界面，实现人员与监控系统的信息交换和互动操作，使操作人员能够直观地掌握设备的运行状态，并根据需要灵活调整控制策略；故障诊断模块基于设备性能参数的变化趋势，综合运用专家系统、故障树分析、模糊逻辑等智能诊断方法，及时发现和定位设备的潜在故障，为预防性维护提供决策支持；报警管理模块则根据预设的阈值条件，对超限数据进行自动识别和警告，同时协调相关模块启动应急预案，最大限度地缩小事故的影响范围，降低损失程度。

除上述核心模块外，实时监控系统的模块设计还应考虑与其他生产管理系统的数据接口和功能集成。例如，将实时监控数据与能源管理系统、设备管理系统、环境监测系统等进行联动，建立覆盖火力发电厂各个领域的综合监控平台，从而实现生产过程的全局优化和协同控制。同时，在模块设计过程中还应预留必要的硬件接口和软件接口，为未来系统的升级改造和功能扩展提供便利条件。

（二）数据库管理

数据库管理是实时监控系统软件架构的关键组成部分，它为系统的高效运行和数据安全提供了坚实保障。在火力发电厂这样对安全和稳定性要求极高的场景中，构建一个可靠、高效的数据库管理系统尤为重要。

首先，数据库管理系统需要具备强大的数据组织和存储能力。火力发电厂实时监控系统所涉及的数据类型多样，包括设备运行参数、环境监测数据、故障警报信息等。这些异构数据需要通过合理的数据模型进行有效组织，以便于系统进行快速检索和关联分析。同时，面对海量的数据，数据库还必须具备良好的可扩展性，能够平滑地适应数据量的增长。常用的做法是采用分布式数据库架构，通过数据分片和副本机制，实现数据的水平扩展和负载均衡。

其次，数据库管理系统需要提供高效的数据访问接口。实时监控系统对数据查询的实时性要求非常高，尤其是在事故预警、故障诊断等关键场景中，需要毫秒级响应查询请求。因此，数据库需要针对常见的查询模式进行优化，如建立索引、物化视图等，最大限度地缩短查询时间。此外，面向不同的应用场景，数据库还需要提供灵活多样的访问方式，如结构化查询语言（structured query language，SQL）、具象状态传输应用程序编程接口（representational state transfer application programming interface，RES TAPI）等，方便上层应用快速获取所需数据。

再次，数据库管理系统必须具备完善的数据安全防护机制。火力发电厂的运行数据关系到电网稳定和国家能源安全，一旦发生数据泄露或篡改，后果不堪设想。因此，数据库需要从多个层面入手，构建起严密的安全防线。一是访问控制，要对用户的身份进行严格验证，并根据不同用户的角色和权限，控制其对数据的访问范围；二是数据加密，对敏感数据进行加密存储，即使数据被非法窃取，也难以被解密使用；三是数据备份，要制定完善的数据备份策略，定期对数据进行本地和异地备份，确保在灾难发生时能够及时恢复。

最后，面向未来发展，数据库管理系统还需要具备良好的可扩展性和互操作性。随着火力发电厂信息化水平的不断提升，实时监控系统必将与企业的其他业务系统实现深度集成，形成统一的数据视图。因此，数据库需要遵循开放的架构设计，提供标准的数据交换接口，支持与异构系统的无缝对接。同时，数据库还需要积极拥抱新技术，如大数据、人工智能等，通过数据的深度挖掘和智能分析，为火力发电厂的安全运营提供更加智能化的决策支持。

（三）用户界面设计

用户界面设计是实时监控系统中至关重要的一环，它直接影响着系统的可用性、易用性和用户体验。一个精心设计的用户界面能够帮助操作人员快速、准确地获取关键信息，及时作出正确的决策，从而保障火力发电厂的安全稳定运行。

用户界面设计应遵循以人为本的原则，充分考虑用户的认知特点和使用习惯。布局要合理、美观，信息呈现要清晰、直观。关键数据应占据显著位置，并采用醒目的颜色或符号标识，以引起用户的注意；而次要信息可采用相对低调的表现方式，避免干扰用户的判断。同时，界面元素的摆放应符合用户的阅读顺序和操作流程，减少用户的视觉搜索时间和鼠标移动距离，提高人机交互的效率。

此外，用户界面设计还要兼顾美学和人性化。适当运用色彩、图形、动画等设计元素，能够缓解用户的视觉疲劳，营造良好的使用氛围；而人性化的设计则包括个性化设置、智能提示、容错机制等，能够最大限度地满足不同用户的需求，提升用户的满意度和忠诚度。

在火力发电厂这样的高风险、高技术领域，实时监控系统界面设计还需重点考虑异常情况和应急响应。当设备参数超出正常范围或发生故障时，界面应能及时弹出预警信息，并给出明确的处置建议，指导操作人员正确应对。同时，应急响应界面要简洁明了，突出关键信息和操作按钮，避免出现信息过载或操作失误，确保在紧急情况下能够快速、有效地控制局面。

优秀的实时监控系统案例，如某大型火力发电厂的集中控制系统，其界面设计就充分体现了上述理念。该系统采用大屏幕，将锅炉、汽轮机、电气等各专业的关键参数集中呈现，运用条形图、趋势图、告警列表等多种可视化手段，直观展示设备的运行状态。同时，界面布局合理、色彩柔和，操作区和显示区泾渭分明，重要信息一目了然。值得一提的是，该系统还内置了智能诊断和决策支持功能，能够根据设备参数的变化自动生成分析报告和处置方案，大大减轻了人工分析和判断的负担。

与之相对，设计不良的界面则可能带来严重后果。某火力发电厂的实时监控系统界面杂乱无章，关键信息淹没在大量无关数据中，导致运行人员屡屡漏判告警信号。更有甚者，一些重要操作按钮与其他元素过于相似，极易引发失误操作，给系统和设备带来安全隐患。这些教训值得设计人员深思。

用户界面设计看似简单，实则大有学问。它涉及工程技术、认知心理、视觉艺术等多个领域，需要设计师具备丰富的理论知识和实践经验。只有不断研究用户需求，优化界面布局，创新交互方式，才能真正设计出安全、高效、友好的实时监控系统界面。这不仅关乎火力发电厂的运营效益，更关乎工作人员的生命安全。在新时代背景下，面对日新月异的信息技术和日趋复杂的工业环境，用户界面设计理念和方法也需要与时俱进，方能适应火力发电厂的发展需求，为行业数字化、智能化转型贡献力量。

第二节　事故预防的关键技术

一、发电设备事故预防技术

（一）无损检测技术

无损检测技术是火力发电厂设备安全运行的重要保障。通过采用先进的无损检测方法，工程技术人员能够及时发现设备的潜在缺陷和安全隐患，避免事故的发生。无损检测的特点在于不破坏被测对象的完整性，因此可以在不影响设备正常运行的情况下进行检测，具有非常高的实用价值。

在火力发电厂中，锅炉、汽轮机、管道等关键设备的安全性直接关系火力发电厂的正常生产和人员的生命财产安全。这些设备在长期的高温、高压、腐蚀等恶劣工况下运行，容易产生各种损伤和缺陷，如裂纹、腐蚀、磨损等。及时准确地发现和评估这些缺陷，是保障设备安全运行的关键。无损检测技术能够满足这一要求，为设备的安全评估提供可靠依据。

常用的无损检测方法有射线检测、超声检测、涡流检测、磁粉检测、渗透检测等。射线检测利用 X 射线或 γ 射线穿透被测对象，通过射线底片或数字成像系统获取内部结构图像，可以发现材料内部的缺陷，如夹杂、气孔、裂纹等。超声检测利用超声波在材料中的传播和反射特性，通过分析超声信号判断材料内部是否存在缺陷。超声检测灵敏度高，可以检测出表面和近表面的微小缺陷。涡流检测利用电磁感应原理，通过分析涡流信号识别材料表面和近表面的缺陷。涡流检测对导电材料的表面缺陷十分敏感，适用于检测交换器、导电管等关键部件。磁粉检测利用磁场与缺陷的相互作用，通过磁粉聚集指示缺陷的位置和形态。磁粉检测操作简单，适用于铁磁性材料表面和近表面缺陷的检测。渗透检测利用渗透液渗入并填充材料表面的缺陷，再利用显像剂使缺陷清晰可见。渗透检测对材料表面的开口型缺陷十分敏感，如裂纹、折叠等。

无损检测技术的应用大大提高了火力发电厂设备安全运行的保障能力。通过定期开展无损检测，工作人员可以及时发现设备的各种缺陷和劣化状况，掌握设备的健康状态，制定针对性的维护和检修计划。同时，无损检测还可以验证设备的制造质量和安装质量，为设备的质量控制提供依据。在设备的全生命周期管理过程中，无损检测技术发挥着不可替代的作用。

随着科学技术的进步，无损检测技术也在不断发展和创新。数字化、智能化、自动化已成为无损检测技术发展的必然趋势。先进的数字成像技术、图像处理技术、机器学习算法等，极大地提高了无损检测的效率和准确性。例如，基于深度学习的缺陷识别算法可以自动分析海量的检测数据，快速识别和定位复杂环境下的各种缺陷，大幅降低检测人员的工作强度。再如，机器人和无人机技术的应用，使得对高危环境、复杂结构的检测成为可能。这些新技术新方法的应用，必将推动无损检测技术迈上新台阶。

（二）在线监测技术

在线监测技术是火力发电厂安全运营的重要保障。相较于传统的定期检修和人工巡检，在线监测能够实时、连续地监控设备运行状态，及时发现潜在故障和异常，为设备维护和事故预防提供可靠依据。在火力发电厂中，关键设备如锅炉、汽轮机、发电机等的健康状况直接关系火力发电厂的安全生产和经济效益。通过在这些设备上安装各类传感器，并将采集的数据传输至监控中心，工作人员可以全面掌握设备的运行参数，如温度、压力、振动、位移等，并基于大数据分析技术，构建设备健康评估模型，预测设备的剩余寿命和失效风险。一旦监测数据超出预设阈值或出现异常波动，系统就会自动触发报警，提示工作人员采取相应措施，及时处置问题，避免事态扩大。

在锅炉系统中，分布式光纤测温技术得到了广泛应用。通过在锅炉壁面布设光纤传感器网络，工作人员可以实时监测炉膛温度分布，及早发现局部过热、结焦等问题，优化燃烧控制，延长锅炉使用寿命。同时，光纤测温技术还能监测锅炉受热面的应力应变情况，评估其结构完整性和安全裕度。在汽轮机方面，振动监测是判断设备健康状况的重要手段。通过在汽轮机轴承、轮盘等部位安装加速度传感器，工作人员可以实时监测其振动水平和频谱特性，及早发现不平衡、不对中、油膜涡动等问题，避免引发事故。先进的振动诊断系统还能根据振动模式的变化，判断汽轮机内部零部件的损伤程度，指导检修决策。

然而，在线监测技术的有效实施还面临着一些挑战。首先，传感器的选型、安装位置、数据采集频率等需要根据设备特性和监测目的进行优化设计，确保监测数据的准确性和代表性。其次，海量监测数据的存储、处理和分析对系统的软硬件性能提出了更高要求，需要引入先进的大数据和人工智能技术，提高数据利用效率和智能化水平。再次，在线监测系统的可靠性和安全性也不容忽视，系统需要具备较强的数据加密、访问控制、容错备份等能力，抵御网络攻击和设备故障的影响。最后，在线监测数据的解释和决策还离不开专业人员的分析判断。需要加强相关人员的培训和研讨，提高其设备诊断和风险评估的能力。

（三）定期检修技术

定期检修是保障火力发电厂安全、高效、经济运行的关键环节。通过系统全面的检修，工作人员可以及时发现设备存在的隐患和缺陷，采取有效的维修或更换措施，从而降低事故风险，延长设备使用寿命。在火力发电厂的定期检修过程中，锅炉、汽轮机、发电机等关键设备是检修的重点对象。

锅炉作为火力发电厂的"心脏"，其安全可靠运行直接关系火力发电厂的发电效率和经济效益。定期检修中，需要对锅炉的受热面、水冷壁、过热器、再热器等部件进行全面检查，重点关注其完整性、清洁度、绝缘性能等指标。同时，还要对锅炉的燃烧系统、给水系统、除灰除渣系统等辅助设备进行全面维护，确保其处于最佳工作状态。针对检修中发现的问题，要及时制定切实可行的整改方案，避免因小问题而酿成大的事故。

汽轮机作为火力发电厂的动力核心，其性能的优劣直接影响发电效率和经济性。在定期检修中，需要对汽轮机的叶片、轴承、密封、调节阀等关键部件进行细致检查，重点评估其磨损程度、动平衡状态、润滑性能等指标。针对检修中发现的问题，要及时更换损坏的零部件，调整偏离的运行参数，优化汽轮机的运行工况。只有通过精心维护和科学调试，才能充分发挥汽轮机的效能，提升发电效率。

发电机作为火力发电厂的终端设备，其可靠性直接关系电能的输出质量和电网的稳定性。在定期检修中，需要对发电机的定子绕组、转子绕组、励磁系统、冷却系统等关键部件进行全面诊断，重点评估其绝缘电阻、电晕放电、振动水平等指标。针对检修中发现的问题，要及时采取修复或更换措施，优化发电机的运行环境，确保其长期稳定运行。只有通过精细化管理和先进检测手段，才能最大限度地发挥发电机的性能，保证电能质量。

除了关键设备外，火力发电厂的辅助系统如燃料供应系统、化学水处理系统、电气系统等也需要纳入定期检修的范畴。这些系统虽然不直接参与发电过程，但其运行状态却关乎火力发电厂的安全、环保、经济等多个方面。在定期检修中，要对这些系统的设备、管路、仪表等进行全面排查，及时消除存在的隐患，提升系统的可靠性和稳定性。只有各系统协同运作，才能保证火力发电厂的整体运行质量。

定期检修不仅是一项技术工作，更是一项系统工程。它需要检修人员具备扎实的专业知识、丰富的实践经验和严谨的工作态度。在检修过程中，要严格执行相关规程和标准，科学制定检修方案，合理安排检修进度，确保检修质量。同时，还要加强检修团队的管理，强化安全意识，提高协作效率，为火力发电厂的安全运行提供坚实保障。

二、防火防爆事故预防技术

（一）防火材料应用

火力发电厂的防火材料应用是保障火力发电厂安全运行的关键环节。随着火电行业的快速发展和技术进步，防火材料的种类日益丰富，性能不断提升。科学合理地选用防火材料，对于预防和控制火灾，保护设备和人员安全具有重要意义。

在锅炉、汽轮机、电缆等关键部位和场所，防火材料的作用尤为突出。以锅炉为例，锅炉本体及其配套设施普遍采用耐火砖、陶瓷纤维等材料，用于隔热保温、防止热量损失。同时，这些材料还具有良好的耐高温性能，能够有效抵御火焰的侵蚀和破坏。在锅炉本体周围设置防火墙，选用高强度、高耐火极限的混凝土材料，可以阻挡火势蔓延，为灭火赢得宝贵时间。

电缆作为火力发电厂内部能量传输的重要载体，其防火性能直接关系整个系统的安全稳定。针对电缆防火，业界开发出了多种新型材料和技术。其中，阻燃电缆采用特殊配方的绝缘和护套材料，遇火不易燃烧，能够大大降低电气火灾风险。对于贯穿防火分区的电缆，应在其进出口处采用防火封堵材料，如防火泥、阻火模块等，以切断火灾蔓延路径。

除了选用合适的防火材料，科学的施工和维护也至关重要。防火涂料作为一种常用的被动防火手段，其涂覆质量和厚度都应符合设计要求，确保达到预期的防火时限。定期检查防火材料的完整性、牢固性，及时修补破损部位，也是防患于未然的有效措施。

火力发电厂防火安全事关重大，容不得丝毫疏忽。选用优质的防火材料，严格遵守施工维护规程，建立完善的材料管理体系，持续开展防火材料基础研究和应用创新，多管齐下，标本兼治，才能为火电产业高质量发展保驾护航。站在新时期的起点上，火电企业应以更宽广的视野、更长远的眼光，扎实推进防火材料应用实践，筑牢安全发展的坚实防线，为保障国家能源安全、服务经济社会发展做出新的更大贡献。

（二）防爆设备配置

在火力发电厂运营过程中，设备的防爆性能直接关系火力发电厂的安全生产和经济效益。一旦发生爆炸事故，不仅会造成设备损坏、人员伤亡，还可能引发连锁反应，导致整个生产系统瘫痪。因此，配置高质量的防爆设备是火力发电厂安全管理的重中之重。

防爆设备的选型应根据生产区域的危险等级、环境条件等因素综合考虑。对于存在爆炸性气体或粉尘的场所，必须选用符合相应防爆等级的电气设备，如隔爆型、增安型、本质安全型等。这些设备在设计和制造上采用了特殊的防爆结构和技术措施，能够有效防止电气火花或高温表面引发爆炸。同时，防爆设备还需要具备良好的密封性、耐腐蚀性和耐高温性能，以适应复杂多变的工业环境。

在防爆设备的配置中，电机是最为关键的组成部分。防爆电机通过特殊的外壳结构和引线装置，阻止电机内部产生的电火花或高温向外扩散，从而避免引燃周围的爆炸性介质。对于大功率的高压电机，还需要配备专门的防爆起动柜和控制柜，实现远程操控和实时监测。除电机外，防爆开关、防爆灯具、防爆仪表等配套设备也必不可少，它们与电机协同工作，构建起完整的防爆电气系统。

除了硬件设施，规范的安装调试和维护保养也是确保防爆设备可靠运行的重要环节。防爆设备的安装必须严格按照国家标准和产品使用说明进行，并由专业人员进行全面的性能测试和验收。在日常运维过程中，要定期检查设备的外观、密封件、紧固件等关键部位，及时更换老化或损坏的零部件。对于长期工作在恶劣环境下的设备，还需要进行专门的防腐蚀处理和绝缘性能检测，以延长其使用寿命。

防爆设备的管理离不开完善的制度建设和人员培训。火力发电厂需要制定严格的防爆设备管理制度，明确设备的采购、验收、使用、维护等各个环节的职责和要求。同时，要加强对操作人员和维护人员的安全教育和技能培训，提高其防爆意识和处理突发事件的能力。定期开展应急演练，检验防爆设备和人员的实战水平，及时发现和整改潜在的安全隐患。

从国际前沿的技术发展看，智能化、信息化是防爆设备未来的发展方向。通过在防爆设备上集成传感器、控制器等智能部件，实现设备运行状态的实时采集和分析，预警潜在的故障风险。借助无线通信、云计算等信息技术，构建防爆设备的远程管理平台，实现对分散设备的集中监控和调度。智能防爆设备不仅能够提高火力发电厂的本质安全水平，还能优化生产流程，降低运营成本。

防爆设备作为火力发电厂安全屏障的重要组成，其配置水平和可靠性直接影响火力发电厂的长周期稳定运行。然而，受制于技术水平和成本压力，我国火电行业在防爆设备的研发和推广应用上还存在一定问题。未来，需要政府、行业协会、设备制造商、电力企业等多方协同发力，加大对防爆技术的研发和推广力度，完善配套的标准规范和激励政策，推动防爆设备在火电行业的全面升级换代。只有不断强化防爆设施的硬件基础,并与严格的管理制度和人员培训相结合,才能为火力发电厂的本质安全运营提供坚实保障。

(三)火灾报警系统

火灾报警系统是火力发电厂防火防爆技术不可或缺的组成部分。它通过对火情进行实时监测和预警,为火灾的早期发现和快速扑救赢得宝贵时间,最大限度地减少火灾造成的人员伤亡和财产损失。一个完善的火灾报警系统应包括火灾探测器、手动报警按钮、火灾报警控制器、消防联动控制器、警报装置等核心部件,并与消防水系统、防排烟系统、应急照明和疏散指示系统等紧密配合,形成一套完整、高效的火灾预防与控制体系。

①火灾探测器的选型和布置至关重要。常用的火灾探测器包括感烟探测器、感温探测器、复合式探测器等。其中,感烟探测器对于早期火灾发出的微小烟粒极为敏感,适用于对火灾反应迟钝的场所;感温探测器则通过监测环境温度的骤然升高来判断火情,适用于散发明火和高温的区域;复合式探测器集成了感烟和感温功能,可同时监测烟雾和温度的变化,提高了火灾检测的可靠性。在进行探测器布置时,需充分考虑各场所的火灾特性、环境条件、空间结构等因素,确保探测器的类型选择和布点位置能够实现对防护区域的全覆盖,不留死角。

②手动报警按钮是人工启动火灾报警的重要途径,是火灾报警系统中必不可少的组成部分。手动报警按钮多安装在人员密集或值班值守的场所,如中控室、配电室、办公区等,便于人员在发现火情时第一时间报警。手动报警按钮的设置应符合便于识别、标识清晰、安全可靠等基本要求,同时要定期进行测试和保养,确保其处于完好备用状态。

③火灾报警控制器是火灾报警系统的核心,负责接收探测器和手动报警按钮的火警信号,控制警报装置发出火灾警报,并联动启动消防设施和设备,如开启防火门、切断非消防电源、启动消防水泵等。火灾报警控制器一般设置在中控室等人员值守的重要场所,24 h 监控火灾报警系统的运行状态。先进的火灾报警控制器还具备故障自检、信号处理、编程控制等智能化功能,大大提高了系统运行的安全性和可靠性。

④消防联动控制器用于控制和协调各消防子系统的联动,实现灭火和防护功能。例如,在收到火灾报警信号后,消防联动控制器可自动开启消防水泵,切换防烟阀门的状态,关闭管道阀门,断开非消防电源,启动排烟风机,开启消防广播,引导人员安全疏散等。消防联动控制器的正确设置和编程直接关系火灾应急处置的效率和效果,需由专业人员负责。

⑤警报装置包括声光警报器、警铃、广播等设施,用于在火灾发生时向现场人员发出警示和疏散信号。警报装置应具备声音洪亮、光强足够的特点,确保火灾警报信号能够穿透噪声环境,引起人们的注意。同时,警报装置的设置需充分考虑各区域的声学特性和照明条件,并定期进行检测,及时消除故障隐患。

随着信息技术的发展,智慧消防系统应运而生,通过各类传感器和物联网技术,实现了火灾隐患的实时感知和早期预警;通过大数据分析和人工智能算法,优化了灭火救援方案和资源的调度,大大提升了火灾防控和应急处置的科学化、智能化水平。智慧消防系统在火力发电厂等重大风险场所的推广应用,标志着火灾报警技术向更高层次迈进。

三、电气系统事故预防技术

（一）绝缘监测技术

绝缘监测技术是电气系统安全运行的重要保障。在火力发电厂中，电气设备种类繁多，容量巨大，运行环境复杂，绝缘故障风险较高。一旦发生绝缘损坏或绝缘水平下降，不仅会影响设备正常运行，还可能引发触电、短路、火灾等严重事故，给人身和财产安全带来重大威胁。因此，运用先进的绝缘监测技术，实时掌握电气设备绝缘状态，及时发现和处理绝缘隐患，对于保障火力发电厂安全生产至关重要。

当前，绝缘监测技术日新月异，呈现出智能化、网络化、集成化的发展趋势。传统的定期人工测量已经难以满足现代火力发电厂的需求，越来越多的企业开始应用在线绝缘监测系统。这类系统通过在电气设备上安装传感器，持续采集绝缘电阻、泄漏电流等关键参数，并将数据传输至监控中心，由专业软件进行分析和诊断。一旦发现绝缘水平异常，系统就会自动发出警报，提醒运维人员及时处理，从而最大限度地降低绝缘故障的发生概率。

以变压器绝缘监测为例。变压器是火力发电厂的核心设备之一，其绝缘性能直接影响电能的安全传输和转换。传统的变压器绝缘监测主要依靠人工定期测量绝缘电阻，但这种方法无法实时反映绝缘状态的动态变化。而在线绝缘监测系统则可以通过在变压器绕组、铁芯等部位安装传感器，持续采集温度、湿度、局部放电等多项指标，综合判断绝缘水平。一旦发现异常，系统就会立即报警，同时自动启动控制策略，如加大冷却系统功率、降低负载等，为运维人员争取宝贵的处置时间。

除了变压器，火力发电厂中的电动机、开关柜、电缆等设备同样需要绝缘监测。以往，这些分散的设备往往采用孤立的监测装置和平台，数据难以集中管理和关联分析。而现代绝缘监测系统则实现了全厂范围内的数据采集、传输、存储和计算，搭建起统一的监测平台。运维人员可以通过工业以太网、无线通信等方式，随时随地查看各设备的绝缘状态，并借助大数据分析、故障诊断等智能算法，及时发现局部放电、沿面闪络等绝缘隐患。

值得一提的是，火力发电厂普遍存在电磁干扰严重、环境恶劣等特殊条件，对绝缘监测技术提出了更高要求。为此，设备制造商不断优化传感器的抗干扰能力和环境适应性，研发高可靠、高精度的专用产品。同时，绝缘监测系统也引入了自学习、自适应等人工智能算法，能够根据设备特性和运行工况，自动优化测量策略和阈值设置，最大限度地降低误报率和漏报率。

（二）过电流保护技术

过电流保护技术是电气系统安全运行的重要保障。在火力发电厂中，电气设备承担着发电、输电、配电等关键任务，一旦发生过电流故障，不仅会损坏设备，影响电力供应，甚至可能引发火灾、爆炸等严重事故。因此，研究和应用先进的过电流保护技术，对于提升火力发电厂的安全性、可靠性具有重要意义。

过电流保护的核心原理是及时发现异常电流，迅速切断故障回路，避免设备损坏和事故扩大。传统的过电流保护主要依靠熔断器和电磁式继电器等电流感应元件，通过检测电流大小实现跳闸断电。然而，这些装置存在动作速度慢、选择性差等缺陷，难以满足现代电力系统的高要求。随着微电子技术、计算机技术的飞速发展，数字式过电流保护装置应运而生。这类装置采用高速微处理器，对电流信号进行实时采样和分析，具有反应速度快、灵敏度高、可靠性强等优点。同时，数字式保护装置还具备故障录波、自动重合闸、远程通信等智能功能，极大地提升了过电流保护的自动化水平和可操作性。

在火力发电厂中，过电流保护装置的合理配置至关重要。发电机、变压器、母线、馈线等不同电气设备，对保护装置的要求各不相同。保护整定值的设置需要综合考虑设备额定参数、系统运行方式、故障类型等因素，既要确保灵敏可靠，又要避免误动和拒动。此外，不同保护装置之间还需实现良好的配合与协调，形成纵向保护和横向保护相结合的立体防线，实现"速断速切、就地解决"。只有建立科学、完善的过电流保护系统，才能最大限度地缩小过电流故障的影响范围，保障电力系统的安全稳定运行。

除了硬件设施的完善，过电流保护还需要配套健全的管理制度和人员培训。定期对保护装置进行检验和维护，及时发现和消除潜在故障隐患，是确保其正常运行的重要保证。同时，加强运行值班人员的技能培训和应急演练，提高其故障判断和处置能力，也是提升过电流保护水平的关键举措。只有在技术、管理、人员等各方面形成合力，才能真正构筑起坚实可靠的过电流保护屏障。

（三）短路故障检测

短路故障是指电气设备或线路中两个带电部分之间或一个带电部分与大地之间的异常低电阻连接，导致电流异常升高（abnormal increase）。短路电流可能高达数千安培甚至数十千安培，远超过电气设备的额定电流，会对设备和线路造成严重损坏，甚至导致火灾、爆炸等灾难性后果。因此，及时、准确地检测和处理短路故障对于保障火力发电厂电气系统安全稳定运行至关重要。

传统的短路故障检测主要依靠过电流保护装置，如熔断器、过电流继电器等。这些装置通过监测电流大小来判断是否发生短路，当电流超过预设阈值时，就会自动切断电路，隔离故障点。然而，过电流保护装置仅适用于稳态短路故障，对于暂态短路，特别是高阻抗接地系统中的短路，往往难以及时响应。同时，电弧短路等特殊类型的短路故障也可能逃过传统保护装置的"法眼"。为了弥补这些不足，现代短路故障检测技术不断创新发展，综合运用多种信号特征和算法，大幅提升了故障检出的速度和准确性。

其中，基于暂态信号分析的短路故障检测方法备受关注。与稳态信号相比，短路暂态过程中的电压、电流波形包含更为丰富的故障特征信息。通过提取和分析这些暂态特征，工作人员可以快速、准确地识别各类短路故障。例如：基于小波变换的多分辨率分析可以有效提取短路暂态信号的奇异性和瞬变特征；基于希尔伯特-黄变换的时频分析可以揭示短路暂态过程中的频率变化规律；人工智能算法，如支持向量机、随机森林等，则可以自动学习和识别不同类型短路故障的复杂特征模式。这些创新性的信号处理和故障诊断方法大大拓展了短路故障检测的适用范围和效能。

另一个值得关注的发展方向是在线短路故障检测与定位技术。传统的检测方法往往依赖于离线试验和人工巡检，存在响应滞后、覆盖不全面等局限。随着传感技术和通信技术的进步，在线监测系统得到广泛应用。通过在电气设备和线路的关键节点布置电流、电压、温度等传感器，并利用现场总线、工业以太网等通信手段实现数据实时上传，电气系统的运行状态可以被全天候、全方位地监视。一旦发生短路故障，在线监测系统就能在第一时间发现异常，并根据故障信号的空间分布实现精确定位，为故障隔离和抢修赢得宝贵时间。随着物联网、边缘计算等新兴技术的发展，在线短路故障检测系统必将更加智能化和高效化。

短路故障检测技术的进步离不开仿真试验手段的支撑。由于短路故障具有随机性和破坏性，在运行设备上直接开展试验存在较大风险。因此，研究人员往往依托电力系统仿真平台，在数字孪生环境中模拟各类短路工况，优化故障检测和保护策略。一方面，仿真试验可以低成本、高效率地产生大量短路故障样本，为信号分析和算法验证提供数据支撑；另一方面，基于仿真的故障演练可以帮助运维人员快速熟悉短路故障处置流程，提高实战能力。近年来，实时数字仿真、增强现实等新技术的应用进一步提升了仿真试验的真实性和交互性，使其成为短路故障检测技术创新不可或缺的手段。

短路故障检测作为火力发电厂继电保护和安全运维的重要内容，需要与时俱进地创新完善。综合运用先进的信号处理方法、人工智能算法、在线监测系统、仿真试验平台等手段，可以从多个维度提升短路故障的检出水平，帮助工作人员及时发现并隔离各类短路故障，保障发电设备和电网安全。同时，短路故障检测技术的发展也对从业人员提出了新的要求，他们需要不断学习和掌握前沿技术，跨学科融合电力、电子、计算机等多领域知识，成长为"一专多能"的复合型人才。只有持续加强技术创新和人才培养，才能筑牢火力发电厂运行安全的坚实防线。

四、热力系统事故预防技术

（一）温度控制技术

火力发电厂温度控制技术是保障机组安全、高效、稳定运行的关键。它涵盖了锅炉、汽轮机、发电机等核心设备的温度监测和调节，通过实时采集温度数据，分析温度变化趋势，及时发现和处理温度异常，维持设备在最佳工况下运转。这不仅能够延长设备使用寿命，降低维护成本，更能够提高机组效率，减少能源损耗。

具体而言，锅炉温度控制是整个系统的核心。锅炉作为产生蒸汽的热源，其温度直接影响蒸汽品质和机组效率。因此，锅炉温度控制需要兼顾安全性和经济性两个方面。一方面，要严格控制锅炉水温、汽温等关键参数，防止过热或过冷导致的管壁破裂、水汽分离不良等安全隐患；另一方面，要根据负荷需求和煤质变化，优化燃烧调整，维持锅炉在高效率区间运行，减少热损失。这就需要采用先进的测温元件，如热电偶、热电阻等，准确测量锅炉各部位温度，并结合 DCS 实现全自动调节。

汽轮机温度控制也至关重要。汽轮机叶片和轴承是精密部件，其温度变化直接影响机组振动、效率和寿命。因此，要对汽轮机进汽温度、排汽温度、轴承温度等进行严密监控，一旦发现温度超限或温差过大，要及时调整启停机程序、改变负荷或汽源状态。同时，还要定期对汽轮机进行热态启动试验，全面评估其温度特性，优化调整控制策略和保护逻辑。

发电机绝缘是另一个需要重点关注的温度控制对象。发电机绕组绝缘老化是导致其故障的主要原因，而绝缘老化又与温度密切相关。为了延长发电机使用寿命，需要对定子绕组、转子绕组、铁芯等部位的温度进行连续监测，并根据负荷情况和环境温度，调节冷却系统的运行方式和冷却介质的温度，使绝缘始终处于最佳温度区间。此外，还要定期开展绝缘电阻、极化指数等诊断性试验，及早发现温度异常对绝缘性能的影响。

除了锅炉、汽轮机、发电机这些主要设备外，火力发电厂还需要对除氧器、高加热器、低加热器、凝汽器等辅助设备的温度进行有效控制。这些设备温度的波动会影响系统水汽品质和真空度，进而影响机组安全经济性。因此，要充分利用各种温度传感器和自动调节阀，实现水汽温度的精确控制，并优化系统热力计算和校正模型，为温度控制提供可靠依据。

（二）压力监测技术

压力监测技术是火力发电厂安全运营的重要保障。火力发电厂内部存在着各种高温高压设备，如锅炉、汽轮机、管道等，其运行参数必须严格控制在设计范围内，否则极易引发事故。压力作为这些设备运行的关键参数之一，其监测和控制直接关系设备的安全性和可靠性。

目前，火力发电厂普遍采用智能化、数字化的压力监测系统。这些系统通过在关键设备上安装精密的压力传感器，实时采集压力数据，并将其传输至中央控制室的监控平台。监控平台配备了先进的数据处理和分析软件，能够对压力数据进行实时显示、记录、报警等处理。一旦压力参数超出设定范围，系统就会立即发出报警信号，提醒运行人员及时采取措施，避免事故发生。

压力监测系统的设计需要充分考虑火力发电厂的工艺特点和设备布局。不同类型的压力传感器适用于不同的测量环境，如高温、强腐蚀、强电磁干扰等。传感器的选型要综合考虑测量范围、精度、稳定性、可靠性等性能指标。此外，传感器的安装位置也需要经过严谨的设计和校核，确保其能够准确反映被测设备的实际压力状态。

压力监测系统产生的海量数据蕴含着设备运行的重要规律。对历史数据进行深度挖掘和智能分析，可以实现设备状态的评估、故障的预警和诊断等功能。例如，采用机器学习算法对压力数据进行建模，建立设备状态与压力参数之间的关联关系，从而实现设备健康状态的在线评估。当设备出现异常时，通过压力数据的变化模式，相关系统可以快速定位故障原因，为维修决策提供支持。

（三）热交换器维护

热交换器是火力发电厂热力系统中的关键设备，其运行状态直接影响着机组的经济性和安全性。因此，加强对热交换器的维护管理，及时发现和解决存在的问题，对于保障火力发电厂安全稳定运行具有重要意义。

热交换器维护的首要任务是定期开展设备巡检。通过仔细观察热交换器的外观，检查设备的完整性、清洁度，判断有无泄漏、变形、锈蚀等异常情况，工作人员可以及时发现潜在的故障隐患。同时，还应关注热交换器的运行参数，如进出口温度、压力、流量等，通过对比分析这些数据的变化趋势，工作人员可以判断热交换器的工作状态是否正常。一旦发现异常，应及时采取措施，查明原因，防患于未然。

污垢是影响热交换器传热效率的主要因素之一。在长期运行过程中，热交换器管束内壁会逐渐沉积水垢、污泥等杂质，导致换热面积减小，传热系数下降，设备运行效率降低。因此，定期清洗热交换器管束是维护工作的重点内容。根据热交换器的类型和污染程度，可以采用化学清洗或机械清洗等方法，彻底清除管束内外的污垢，恢复设备的换热性能。同时，还应优化水质处理工艺，控制水中杂质的含量，从源头上减少污垢的生成。

管板和管束是热交换器的核心部件，其结构完整性直接关系设备的安全运行。由于长期承受高温高压，管板和管束容易发生变形、腐蚀、泄漏等问题。因此，在热交换器检修过程中，应着重检查管板和管束的状况，特别是易发生泄漏的封头、管板接管处等薄弱部位。可以采用射线探伤、涡流检测等无损检测技术，精确诊断管束的缺陷类型和位置。对于发现的问题，应及时进行处理，必要时更换损坏的管子，确保管束的严密性和强度。

第三节　事故应急预案的制定

一、风险评估

火力发电厂的安全生产离不开科学、系统的风险评估。风险评估既是事故应急预案编制的首要环节，也是保障火力发电厂安全运行的重要基础。通过全面、客观地识别和分析生产运营中存在的各类风险因素，预判可能发生的事故类型及其后果，火力发电厂管理者才能有的放矢地制定针对性的应急处置措施，最大限度地降低事故发生的概率，将事故影响控制在可接受范围内。

风险评估需要遵循系统性、全面性和动态性的原则。系统性要求从火力发电厂生产运营的各个环节和层面出发，综合考虑设备设施、工艺流程、人员管理等方方面面的风险因素，揭示各因素之间的内在联系和作用机制。全面性强调要对火力发电厂内外部环境进行全方位的考察，既要重视内部生产过程中的技术性风险，也要关注外部自然环境、社会环境可能带来的危害性因素。动态性则意味着风险评估不是一劳永逸的，而是需要与时俱进、持续改进的。火力发电厂生产运营是一个动态变化的过程，新的工艺、新的设备、新的环境因素都可能带来新的风险点。因此，风险评估要建立定期评审和更新机制，及时识别和应对新出现的风险因素。

在具体实施风险评估时，可以采用定性与定量相结合的方法。定性评估技术主要通过专家经验判断、历史事故分析等，初步确定风险因素的类型、性质和影响程度。在此基础上，再运用概率统计、故障树分析、事件树分析等定量评估技术，计算各类事故的发生概率和后果严重程度，判断风险等级，识别关键风险控制点。针对评估出的重大风险因素，要进一步分析原因，制定针对性的预防和控制措施，形成完整的风险管控方案。

二、方案设计

事故应急预案的方案设计是整个应急管理体系的核心环节，它直接决定了事故发生时的响应效果和损失控制程度。科学、合理、可行的预案设计方案，能够最大限度地减少事故造成的人员伤亡和财产损失，确保火力发电厂的安全稳定运行。

方案设计的首要任务是明确应急预案的目标和原则。应急预案的根本目标是保障人民群众生命财产安全，维护社会稳定，防止事故扩大。同时，预案还要符合"以人为本、安全第一、预防为主、平战结合"的原则，做到措施得当、简明扼要、快速反应。在此基础上，方案设计还需要考虑火力发电厂的实际情况，如地理位置、周边环境、生产工艺、人员配备等因素，因地制宜、因厂制宜地制定出切实可行的预案内容。

方案设计要全面识别和评估火力发电厂可能面临的事故风险。这需要安全管理人员深入生产一线，了解每个工序、每台设备的运行状况和潜在危险，并运用安全检查、风险评估等手段，系统梳理和分析事故隐患。在此基础上，要针对不同类型、不同等级的事故风险，设计相应的应急处置方案。例如：对于火灾、爆炸等突发事件，预案要明确初期火势扑救、人员疏散撤离、医疗救护等处置措施；对于设备故障、工艺参数异常等生产安全事故，预案要规定应急停车、事故隔离、抢修复产等操作流程。

应急预案方案的设计还要重点关注应急资源的配备和调度。应急物资，如灭火器材、防护装备、医疗急救设施等，要根据风险评估结果和事故处置需要，合理确定品类、数量和存储位置，并定期检查维护，确保应急时能够随时调用。应急人力资源如抢险救援队伍、医疗救护人员、后勤保障人员等，也要提前落实，明确各自职责，并组织开展必要的技能培训和实战演练。这些应急资源的合理配置，是保证预案执行力和可操作性的关键。

三、审核批准

事故应急预案的审核和批准是保证预案科学性、可行性和有效性的关键环节。

首先，应急预案的审核需要由专业的应急管理部门牵头，组织相关领域的专家、学者和实践工作者共同参与。审核过程中，要全面评估预案的风险分析是否准确，应急处置措施是否合理，人员和物资配置是否充足。同时，还要严格审查预案的格式规范、文字表述等细节，确保预案内容严谨、条理清晰、易于理解和执行。

其次，应急预案的审核应坚持"全员参与，专家领衔"的原则。一方面，要充分吸收一线员工和基层管理人员的意见建议，借鉴他们在实践中积累的经验教训。这不仅能够增强预案的针对性和可操作性，也有利于提高全员的应急意识和参与热情。另一方面，专家学者要发挥主导作用，运用专业知识和研究方法，对预案进行深入分析和论证，提出科学合理的修改意见。

再次，应急预案审核完成后，还需履行严格的批准程序。一般由应急管理部门提交，经主管领导审阅、集体讨论后，报请本单位最高管理层批准。对于重大事故的应急预案，可能还需要提交上级主管部门或地方政府批准。只有通过正式批准，应急预案才能正式发布实施，成为指导应急管理工作的法定文件。

最后，应急预案批准后的管理同样至关重要。要按照档案管理的要求，对预案文本进行妥善保管，确保其安全性、完整性和可追溯性。同时，还要做好预案的宣传培训工作，通过多种形式让全体员工熟悉预案内容，掌握应急处置流程，提高预案的执行力。

四、培训教育

（一）培训计划

火力发电厂事故应急预案培训是提高事故处置能力、保障火力发电厂安全运行的重要举措。科学、系统的培训计划能够帮助应急人员全面掌握预案内容，熟悉应急流程，提升实战能力。制定培训计划需要从培训对象、培训内容、培训方式、培训频次等多个方面进行统筹考虑，确保培训的针对性和有效性。

首先，培训对象应覆盖所有参与事故应急的人员，包括领导层、专业技术人员、操作人员、后勤保障人员等。不同岗位、不同专业的人员在应急预案中承担着不同的职责，因此需要根据其特点设计差异化的培训内容。例如：领导层需要重点学习应急指挥、决策分析、资源调配等内容；专业技术人员需要深入掌握事故分析、工艺处理、设备抢修等专业知识；操作人员需要熟练掌握事故报警、紧急避险、设备操作等实践技能。

其次，培训内容应全面涵盖事故应急预案的各个方面。一方面，要系统讲解预案的总体框架、组织体系、工作流程等，帮助应急人员理解预案的"纲"；另一方面，要详细解读预案中的重点、难点、易错点，如事故分级标准、信息报告时限、现场处置方案等，确保应急人员做到"心中有数"。此外，还应重点强化应急人员的风险意识、安全意识和协同作战意识，筑牢思想基础。

再次，培训方式应灵活多样，理论与实践相结合。理论培训可采取集中授课、案例分析、在线学习等方式，系统传授应急预案的基本原理和知识要点。实践培训可采取演练演习、实战模拟、现场观摩等方式，强化应急人员的实操能力。要注重发挥信息化手段的优势，建设虚拟仿真系统，创设逼真的事故场景，让应急人员在仿真环境中反复训练、找出不足、取长补短。同时，要总结历次事故的经验教训，借鉴外单位的成功做法，不断完善培训的内容和形式。

最后，培训频次应按照"经常性＋定期性"的原则来安排。经常性培训是指结合日常工作，利用班前会、技术例会等时机，开展应急预案宣贯、重点提示、问题解答等，保持应急人员对预案的"烂熟于心"。定期性培训是指根据预案修订、人员变动、设备更新等情况，每年或每半年组织一次系统培训，及时更新应急人员的知识和技能。对于新员工，要开展"消防式"培训，确保其尽快熟悉预案、融入团队。对于关键岗位人员，如指挥长、专家组成员等，要开展"高频次"培训，持续提升其应急能力。

（二）教育内容

应急预案培训是电力企业安全管理体系中不可或缺的环节。它通过系统化的教育和演练，提高员工的应急处置能力，增强其安全意识和责任感，从而最大限度地降低事故发生的概率，减轻事故造成的损失。在火力发电厂的日常运营中，开展全面、有效的应急预案培训，对于保障火力发电厂的安全稳定运行具有重要意义。

应急预案培训的内容应该全面覆盖火力发电厂运营过程中可能出现的各类突发事件和风险隐患。这包括但不限于锅炉、汽轮机等关键设备的故障，燃料供应中断，电网波动，自然灾害，以及人为失误等。培训内容要紧密结合火力发电厂的实际情况，针对性地设置不同的事故情境，并详细阐述每一种情境下的应急处置流程、操作要点和注意事项。同时，培训还应该涵盖相关的法律法规、行业标准和企业规章制度，帮助员工深入理解应急管理的重要性和必要性。

在培训方式上，应该采取灵活多样的手段，兼顾理论学习和实践演练。理论学习可以通过课堂讲授、案例分析、小组讨论等方式进行，帮助员工系统掌握应急预案的内容和要求。实践演练则是培训的重点，它通过模拟真实的事故场景，让员工亲身体验应急处置的全过程，提高其临场应变能力和心理承受力。在演练中，要特别重视团队协作和指挥调度，培养员工的集体意识和纪律观念。

应急预案培训还应该针对不同岗位和层级的员工，设计差异化的培训方案。对于一线操作人员，要着重强化其实际操作能力，提升应急反应速度；对于管理人员，则要侧重于决策指挥和资源调配能力的培养；而对于领导干部，更要注重全局意识和统筹协调能力的提升。只有因材施教、各司其职，才能形成一支反应迅速、配合默契、执行有力的应急处置团队。

应急预案培训还应该建立完善的评估反馈机制。通过定期考核和随机抽查，及时发现培训过程中存在的问题和不足，并据此调整优化培训方案。同时，要鼓励员工积极参与培训，主动分享经验和建议，形成全员参与、持续改进的良性循环。只有不断完善培训内容，创新培训方式，才能使应急预案培训真正发挥其应有的作用和价值。

第五章　火力发电厂的应急响应与危机管理

第一节　应急响应体系的建立

一、组织架构设置

火力发电厂应急响应体系的组织架构设置是确保应急管理工作有序、高效开展的关键。科学、合理的组织架构能够明确应急管理各部门、各岗位的职责分工，理顺指挥协调关系，提高应急响应的针对性和时效性。

在设计火力发电厂应急响应组织架构时，应遵循"统一领导、分级负责、属地管理、快速反应"的基本原则。"统一领导"是指应急响应工作要在火力发电厂应急指挥机构的统一领导下开展，形成全厂上下一盘棋的工作格局；"分级负责"是指应急响应实行分级管理，各级组织按照职责分工各司其职、各负其责；"属地管理"强调发生事故的车间、部门要承担应急处置的主体责任，就近指挥、快速反应；"快速反应"则要求应急响应组织架构要扁平化，信息传递渠道通畅，各应急力量能够在最短时间内启动响应行动。

基于上述原则，火力发电厂应急响应组织架构通常由决策层、指挥层、执行层三个层级构成。决策层由火力发电厂主要领导担任，负责应急工作的总体部署和重大事项决策；指挥层设置应急指挥部，由相关部门负责人组成，负责应急响应的具体指挥和协调；执行层包括各应急专业组，如抢险救援组、医疗救护组、后勤保障组等，由一线员工组成，负责事故现场的应急处置行动。

在组织架构的横向设置上，应急指挥部下设综合协调组、专家咨询组、新闻宣传组、事故调查组等职能组，分别负责指挥部与各专业组之间的综合协调、提供技术咨询、发布新闻信息、调查事故原因等工作；在组织架构的纵向设置上，火力发电厂各级应急组织要与地方政府应急管理部门建立协同联动机制，形成信息共享、资源共用、力量互补的应急响应网络。

在应急组织人员配备上，要坚持"专职与兼职相结合，骨干与群众相结合"的原则。应急指挥人员、现场处置人员应以专职为主，日常加强业务训练和实战演练；而综合协调、后勤保障等辅助性工作人员可从全厂抽调，实行兼职。同时，要充分发挥员工群众在应急响应过程中的重要作用，根据需要成立义务消防队、医疗救护队等群众性应急组织。

二、职责分工

火力发电厂应急响应体系建设涉及多个层面，其中明确的职责分工是保证应急响应高效运转的关键。在组织架构的设置过程中，需要根据火力发电厂的实际情况，合理划分各部门和岗位的应急职责，做到分工明确、责任到人。

首先，应急指挥部作为应急响应的核心，对内负责统一指挥、协调各部门工作，对外代表火力发电厂发布信息、联络外部救援力量。指挥部要由厂级领导担任总指挥，各职能部门负责人为成员，形成统一领导、分工负责的指挥体系。在突发事件发生时，指挥部要迅速启动应急预案，分析研判险情，制定并实施应对措施，最大限度地控制事态发展。

其次，生产运行部门作为应急处置的主力军，要全面负责事故现场的应急处置工作。一方面，要组织开展事故诊断、分析研判险情，及时掌握设备状态和事故发展趋势；另一方面，要组织抢修队伍开展应急抢修，尽快恢复设备运行。同时，运行部门还要加强与电网调度的沟通，根据电网需求调整机组出力，保障电力系统稳定。

再次，安全环保部门要全面负责应急监测、评估工作。要及时开展事故区域的环境监测，评估事故对周边环境的影响，必要时启动环境应急预案。同时，还要对事故原因进行调查分析，查找安全隐患，提出整改措施，防止事故再次发生。

最后，后勤保障部门要全面负责应急物资和设备的储备、调配工作。平时要做好应急物资的采购、储备和维护，确保关键时刻拉得出、用得上。在应急响应过程中，要根据需求及时调配物资和设备，为抢险救援提供有力保障。

三、指挥协调机制

一套科学、高效、协同的指挥协调机制是火力发电厂应急响应体系的重要组成部分。它犹如一个精密仪器的核心部件，统筹调配各方资源，确保应急工作有条不紊地展开。在应急状态下，面对复杂多变的现场情况和时间压力，指挥协调机制的运行质量直接关系应急处置的成败。因此，构建一套切实可行的指挥协调机制，是提升火力发电厂应急管理水平的关键所在。

从纵向角度看，火力发电厂应急指挥协调机制应当形成一个自上而下、责权明确的等级体系。发电企业应成立由厂领导任总指挥的应急指挥部，全面负责应急工作的组织领导。其下设若干工作小组，如现场处置组、后勤保障组、新闻宣传组等，分工协作，各司其职。一旦启动应急预案，指挥部即刻进入工作状态，及时下达指令，统一调度各小组行动。小组负责人及时向指挥部汇报情况，确保信息渠道的畅通。这种纵向管理模式有利于形成统一高效的指挥调度，避免各自为政、单打独斗的局面。

从横向角度看，火力发电厂内部各部门之间，以及火力发电厂与地方政府、周边社区、上级主管部门之间，都应建立顺畅的协调沟通机制。火力发电厂内部要明确各部门在应急工作过程中的职责分工，制定联动机制和流程，确保部门之间密切配合、信息共享。当应急事件影响范围超出火力发电厂管理范畴时，火力发电厂应急指挥部要主动加大与地方应急管理、公安消防、环保、医疗救护等部门的协调力度，争取外部力量支持。对于可能影响周边居民生活的应急事件，火力发电厂还应与社区建立定期沟通机制，通报情况，化解疑虑。必要时，还要及时向上级主管部门报告，争取指导和帮助。这种多向互动的协调机制有助于整合各方面资源，形成应急工作合力。

第二节 危机管理的基本原则

一、危机管理的预防原则

（一）风险识别

风险识别是危机管理过程中至关重要的环节，它直接关系到火力发电厂能否及时预防和应对潜在的危机事件。只有准确识别出各种风险因素，才能有针对性地制定预防和应急措施，最大限度地降低危机发生的概率和影响。

首先，火力发电厂需要建立完善的风险识别机制。这一机制应涵盖火力发电厂运营的方方面面，包括设备运行、人员管理、环境保护、应急响应等。在识别风险时，要充分考虑火力发电厂自身的特点，如机组类型、燃料种类、地理位置等，同时还要关注外部环境的变化，如电力市场波动、政策法规调整等。只有全面、系统地分析各种因素，才能准确把握火力发电厂面临的风险状况。

其次，风险识别需要运用科学的方法和手段。传统的经验判断虽然重要，但难以应对日益复杂的风险环境。因此，火力发电厂要积极引入现代风险管理技术，如故障树分析、事件树分析、模糊综合评估等，增强风险识别的科学性和准确性。同时，还要重视数据的收集和分析，通过大数据技术挖掘隐藏的风险信息，为决策提供依据。

再次，风险识别要坚持动态更新。火力发电厂内外部环境都处在不断变化之中，原有的风险可能消失，新的风险可能出现。因此，风险识别不能一劳永逸，而应该建立定期评估和调整机制。一方面，要持续跟踪已识别风险的变化情况，及时调整应对措施；另一方面，要保持对新风险的敏感性，根据形势发展及时补充完善风险清单。唯有如此，才能确保风险识别的有效性和针对性。

最后，风险识别成果要及时转化为行动。再精准的风险判断，如果不能落实到具体的预防和应对措施中，也难以发挥实效。因此，在识别风险的同时，要深入分析其成因、影响和应对策略，制定切实可行的管控方案。这些方案要明确责任主体、时间节点和保障机制，确保风险管理落到实处。

（二）预防措施

火力发电厂作为现代工业社会的重要能源供给单位，肩负着保障经济社会正常运转的重任。在火力发电厂的日常运营过程中，各种潜在的危机和突发事件每时每刻都考验着管理者的应对能力。为了最大限度地降低风险，确保火力发电厂的安全稳定运行，必须高度重视危机管理中的预防措施。这既是火力发电厂自身发展的内在要求，也是维护公共利益的必然选择。

预防为先是危机管理的基本原则。在火力发电厂运营过程中，管理者必须树立预防意识，将危机消除在萌芽状态。这就要求管理者对各种危机的成因、表现形式、发展规律等有深入的研究和把握，提前制定周密的预防方案。具体而言，火力发电厂应建立健全风险识别机制，全面评估生产运行中的各类风险因素，如设备故障、人为失误、自然灾害等，并据此确定关键风险点。在此基础上，火力发电厂要制定切实可行的防控措施，从技术、管理、人员等方面入手，将风险控制在可接受范围内。

完善的应急预案是预防危机的重要保障。火力发电厂运营过程中的突发事件往往具有不可预见性和破坏性，如果处置不当，极易酿成重大事故。因此，火力发电厂必须针对各类危机情境，提前制定周全的应急预案。应急预案要明确各部门、各岗位在危机处置中的职责分工，规范应急响应流程，确保在危机发生时能够快速、有序地开展应对工作。同时，火力发电厂还要定期组织应急演练，检验应急预案的可操作性，提高员工的应急处置能力。只有通过反复演练，才能在真正的危机到来时从容应对。

先进的技术手段是预防危机的有力支撑。随着科学技术的不断进步，火力发电厂危机管理也要与时俱进，积极引入先进的技术手段。例如，火力发电厂可以利用大数据分析技术，对海量的生产运行数据进行挖掘和分析，及早发现潜在的异常情况；又如，火力发电厂可以部署智能监控系统，实时监测关键设备的运行状态，一旦出现偏差，系统就会自动预警，为及时处置危机赢得宝贵时间。先进技术的运用不仅能够提高危机预防的精准性和有效性，更能够减轻管理者的工作负担，使其能够将更多精力投入危机管理的其他环节。

（三）预警系统

预警系统是火力发电厂危机管理的重要组成部分，它通过对火力发电厂运行状态的实时监测和分析，及时发现潜在的危险因素，为制定有效的预防措施提供决策依据。科学、完善的预警系统不仅能够最大限度地降低事故风险，确保火力发电厂的安全稳定运行，更能够提升火力发电厂的经济效益和社会效益。

首先，需要明确预警的目标和原则。预警的根本目的在于防患于未然，即通过对危险信号的早期识别和快速反应，避免事故的发生或减少事故造成的损失。为此，预警系统必须遵循全面性、及时性、针对性等基本原则。全面性要求预警系统能够覆盖火力发电厂运行的各个环节和领域，在燃料供应、锅炉运行、汽轮机运行、电力输送等各个方面，实现全流程、全要素的监测和预警；及时性强调预警信息的实时采集和快速处理，确保在危险因素萌芽状态时就能够及时发现并采取措施；针对性则要求预警系统能够根据不同类型的危险因素，提供有针对性的预警方案和应对措施，提高预警的精准度和有效性。

其次，预警系统的建设需要坚实的技术基础和数据支撑。现代火力发电厂是一个高度自动化、信息化的复杂系统，涉及大量的监测参数和控制指标。要实现对火力发电厂运行状态的全面感知和精准判断，就必须利用先进的传感技术、通信技术和大数据分析技术，构建覆盖全厂的监测网络和数据平台。通过在关键设备和部位安装各类传感器，对温度、压力、流量、振动等参数进行实时采集和传输，再利用大数据分析技术对海量数据进行挖掘和建模，就能够准确刻画火力发电厂的运行特征，识别异常情况，为预警决策提供科学依据。同时，还应注重数据质量的管控和安全防护，提高数据的可靠性和安全性。

再次，预警系统的应用还需要完善的管理制度和应急预案作为保障。再先进的技术和设备，如果没有规范的管理和有效的执行，也难以发挥应有的作用。因此，火力发电厂要建立健全预警管理制度，明确预警信息的报告路径、处理流程和责任主体，确保预警信息能够快速、准确地传递到相关人员手中。同时，还要针对不同级别和类型的预警信息，制定详细的应急预案和处置措施，明确各部门、各岗位的职责和协同机制，确保一旦出现危险情况，能够快速启动应急响应，最大限度地控制事态发展，降低事故影响。比如：通过建立预警信息分级分类管理制度，对不同级别的预警信息采取不同的报告途径和处理方式，对于重大危险信号启动联动机制，及时上报至火力发电厂高层，由总指挥部门统一调度处置；对于一般性的预警信息，则由相关系统和部门按照既定程序进行核实和处理，并向上级报告。分级分类管理既能够提高预警信息的处理效率，又能够避免疏漏和延误。

最后，预警系统的建设和运行还需要提升全员的安全意识和参与度。每一名员工都是预警系统中的重要一环，都肩负着及时发现和报告危险信号的责任。只有全体员工树立"安全第一、预防为主"的理念，自觉遵守安全操作规程，养成良好的安全工作行为习惯，才能真正筑牢预警系统的"人防"屏障。为此，火力发电厂要定期组织安全教育和培训，增强员工的风险意识和应急处置能力。通过制度约束和行为引导，调动员工参与预警工作的积极性，形成全员参与、共同守护的良好局面。同时，火力发电厂还应注重营造重视预警、鼓励报告的文化氛围，消除员工的侥幸心理和畏难情绪，做到有危险及时报告、有隐患及时整改，从而构筑更加牢固的安全防线。

二、危机管理的快速响应原则

（一）应急预案

应急预案是火力发电厂危机管理过程中至关重要的一环，它为应对突发事件提供了行动指南和操作规程。一套科学、完备、可行的应急预案，能够最大限度地减少危机造成的损失，确保火力发电厂的安全稳定运行。制定应急预案首先要符合国家有关法律法规和行业标准的要求，严格遵守电力安全生产的基本原则。同时，应急预案还应当立足火力发电厂实际，充分考虑各种可能发生的突发事件，做到全面覆盖、针对性强。

在内容设置上，应急预案通常包括总则、组织机构及职责、预防与预警、信息报告、应急响应、后期处置等几个核心要素。总则部分主要阐明编制目的、适用范围、工作原则等；组织机构及职责明确应急管理体系的构成以及各部门、各岗位的职责分工；预防与预警侧重于危机前的风险辨识和管控措施；信息报告规定了突发事件的报告时限、程序、内容等；应急响应则详细描述了危机发生后的处置流程、措施和保障条件；后期处置则强调善后工作和恢复重建等。这些要素环环相扣，构成了一个完整的应急管理闭环。

应急预案的编制应当遵循"准确性、针对性、可操作性"的基本原则。所谓"准确性"，就是要以翔实的第一手资料为依据，对火力发电厂生产运行的各个环节进行全面细致的风险评估和情境构建，确保预案内容与实际相符；所谓"针对性"，就是要立足火力发电厂的特定条件，针对不同类型、不同等级的突发事件设置对应的处置方案，避免"一刀切"；所谓"可操作性"，就是要使预案内容具有明确的行动指引，便于指挥人员与执行人员理解和把握，确保关键时刻能够迅速响应、有序处置。

除了内容完备、原则科学，应急预案还需要经受实践的检验。定期组织应急演练，模拟各种突发事件场景，可以检验应急预案的可行性和有效性，帮助相关人员熟悉流程、掌握技能。同时，在演练中暴露出的问题，也为应急预案的修订完善提供了重要依据。一个好的应急预案，必须在理论和实践的结合上臻于完善。

信息技术的发展，为应急预案管理提供了新的工具和手段。火力发电厂可以利用大数据、人工智能等技术，建立应急管理信息平台，实现对风险隐患的智能监测和预警，对应急资源的动态管理和优化配置，对应急处置的模拟推演和辅助决策，极大地提升应急管理的科学化、精细化水平。当然，技术支撑只是手段，应急预案的生命力，归根结底在于全员参与、上下联动的应急管理机制。只有深度发动每一名员工，让应急意识、应急责任深入人心，让应急管理融入日常生产，才能将应急预案落到实处。

（二）资源调配

火力发电厂一旦发生重大事故，不仅会造成巨大的经济损失，更可能危及周边居民的生命安全。因此，在危机管理过程中，火力发电厂必须坚持快速响应的原则，高效调配各类资源，最大限度地控制事态发展，将损失降到最低。

首先，火力发电厂应制定完善的应急预案，明确危机发生时各部门、各岗位的职责分工和协同机制。应急预案要经过反复论证和推演，确保其可操作性和有效性。同时，火力发电厂要定期组织应急演练，让每一位员工熟悉应急流程，提高应急处置能力。一旦危机发生，指挥部门要立即启动应急预案，迅速判断形势，确定应对策略。

其次，火力发电厂要建立多元化的资源储备体系，包括应急物资、应急队伍、应急资金等。应急物资要种类齐全、数量充足，且存放在安全可靠的场所；应急队伍要组织严密、训练有素，能够在第一时间投入救援；应急资金要专款专用、审批快捷，保障应急行动的顺利开展。危机发生后，指挥部门要统筹调配各类资源，优先保障重点区域、关键环节，最大限度地控制事故影响范围和程度。

最后，火力发电厂要加强现场指挥与协调，确保应急行动有序开展。现场指挥人员要沉着冷静、果断决策，根据事态发展动态调整应对策略。各专业应急小组要各司其职、密切配合，在统一指挥下开展救援工作。对于可能影响居民安全的情况，要及时组织撤离疏散，防止次生灾害的发生。同时，现场还要设置警戒区域，严格控制人员进出，避免无关人员干扰应急行动。

（三）现场指挥

现场指挥是危机管理过程中至关重要的一环，它直接关系事故的控制和应急处置效果。在火力发电厂突发事件中，现场指挥员需要全面掌握事故现场的动态信息，迅速作出正确的判断和决策，调配各方资源，指挥现场人员开展应急处置工作。这对指挥员的综合素质和能力提出了很高的要求。

首先，现场指挥员必须具备扎实的专业知识和丰富的实战经验。火力发电厂是一个复杂的系统工程，涉及锅炉、汽轮机、发电机等多个专业领域。现场指挥员不仅要熟悉各设备的工作原理和运行特点，还要掌握事故的成因、发展趋势以及可能产生的次生、衍生事故。只有对火力发电厂的各种工艺流程和事故处理有深入的理解，才能在危急时刻迅速作出正确的判断。同时，丰富的现场处置经验也是现场指挥员必不可少的职业素养。每一起事故都有其独特性，书本上的理论知识往往不能完全适用。经历过多起事故处置的指挥员能够举一反三，根据现场情况灵活调整策略，最大限度地控制事态发展。

其次，现场指挥员要具有出色的领导能力和心理素质。在紧急情况下，现场人员往往会出现慌乱、畏难情绪，组织协调难度大。这就要求指挥员要有强大的心理承受能力，能够在巨大的压力下保持冷静和判断力。同时还要善于调动人员的积极性，用自己的行动感染和带动大家。优秀的指挥员通常会采取身先士卒的指挥方式，与大家并肩战斗在第一线。这种以身作则的领导风格，能够极大地提升团队的凝聚力和战斗力。

再次，现场指挥离不开高效的信息沟通和资源调配。事故现场往往信息复杂多变、瞬息万变，及时准确地掌握第一手信息是正确决策的前提。这就要求现场指挥部要建立覆盖各个区域、各个专业的信息网络，确保现场信息的迅速收集和传递。同时，现场指挥员还要统筹协调各方资源，根据应急处置的需要合理调配人员、设备、物资等。这就要求指挥员不仅要熟悉各部门的职能和现有资源，还要有统揽全局、合理分工的能力。只有信息流通顺畅、资源调配得当，现场处置工作才能有序推进。

最后，完善的应急预案和定期的实战演练是现场指挥的基础保障。应急预案是事故处置的行动指南，它规定了各种情况下的处置流程、人员分工、注意事项等。科学完善的应急预案可以最大限度地减少事故的损失。但预案再完善，如果没有经过实战检验也很难发挥实效。因此，现场指挥员要定期组织实战演练，通过模拟各种事故场景，磨合人员协作，检验预案的可行性，找出薄弱环节。只有在平时就严格按照预案进行训练，在真正的事故来临时才能从容应对。

三、危机管理的协调与合作原则

（一）内部协调

火力发电厂内部协调是应急响应与危机管理的重要环节。只有通过各部门、各岗位的密切配合和通力协作，才能在危机发生时迅速作出反应，有效控制事态发展，最大限度地减少损失。

首先，要建立健全的应急指挥体系。火力发电厂应成立以厂长为首的应急指挥中心，统一调度各部门的应急行动。指挥中心下设若干专业应急小组，如事故抢险组、医疗救护组、后勤保障组等，分工明确、职责清晰。一旦发生危机事件，指挥中心可以迅速启动应急预案，调度各应急小组开展救援行动。

其次，内部协调需要畅通的信息沟通渠道。在应急状态下，信息的及时传递和共享至关重要。火力发电厂应建立多样化的信息沟通平台，如应急指挥系统、对讲机网络、视频会议系统等，确保各部门之间信息的互联互通。同时，还要明确信息报告的流程和制度，杜绝信息遗漏或延误。

最后，内部协调离不开全员的应急意识和协同能力。火力发电厂应加强全员应急培训，通过定期的实战演练、案例分析等方式，提高员工对突发事件的警惕和反应能力。在培训过程中，要特别强调跨部门协同的重要性，引导员工树立"一盘棋"思想，形成齐心协力、同舟共济的良好氛围。

内部协调贯穿危机管理的全过程。不仅在危机发生时需要协调应对，在平时更需要协调预防和准备工作。例如：各部门要形成合力，深入排查事故隐患，及时消除安全风险；要共同制定应急预案，明确职责分工和协同流程；还要定期开展应急演练，提升各部门的配合度和协同性。唯有如此，才能在危机来临时做到从容应对、有序施救。

（二）外部合作

火力发电厂在日常运营时面临着诸多风险挑战，这就需要建立与外部组织的紧密合作关系，共同应对危机，维护火力发电厂安全稳定运行。外部合作伙伴可以包括地方政府、应急管理部门、环境保护机构、社区组织等，通过与这些组织的协同配合，火力发电厂能够更全面地识别潜在风险，制定更周全的应急预案，动员更广泛的资源力量，从而提升危机管理能力。

具体而言，火力发电厂应与地方政府建立定期沟通机制，及时通报火力发电厂运行状况，听取政府部门的意见建议。一旦发生重大事故或突发事件，火力发电厂要第一时间向政府报告，请求支援。同时，政府也要积极履行监管职责，加强对火力发电厂安全生产的监督检查，指导火力发电厂健全安全管理体系。应急管理部门是火力发电厂危机管理过程中不可或缺的合作伙伴。火力发电厂要主动与应急管理部门对接，明确各自职责，建立信息共享和应急联动机制。平时要定期开展应急演练，检验应急预案的可行性；一旦发生突发事件，双方要协同作战，快速响应，控制事态。环境保护机构对于火力发电厂环境安全风险的管控具有重要作用。火力发电厂要严格遵守环保法律法规，接受环保部门的监督管理。同时，要主动加强与环保部门的技术交流，引进先进的污染防治技术，不断改善火力发电厂的环保绩效。火力发电厂还应注重加强与周边社区的沟通互动，及时了解社区居民关切的问题，化解可能存在的矛盾。要通过开放日、宣传册等形式，向社区宣传火力发电厂安全环保措施，赢得公众的理解和支持。必要时还可以邀请社区代表参与应急演练，增进彼此互信度。

外部合作关系的建立离不开火力发电厂自身的主动作为。火力发电厂要充分认识外部合作的重要性，高度重视对外沟通协调。要建立专门的外联机构，配备专业人员，制定完善的外部沟通计划和危机公关预案。要注重培养员工的沟通能力和协作意识，形成全员参与的良好氛围。

构建多方协同的危机管理体系，是火力发电厂安全运行的客观要求，也是提升火力发电厂公信力和美誉度的重要途径。通过与政府、应急、环保、社区等外部力量的通力合作，整合各方资源优势，火力发电厂必将在面对危机时赢得更多理解和支持，在转危为安的过程中展现更大智慧和力量。新时期，火力发电厂危机管理已不再仅靠单打独斗，而是需要汇聚各方力量，形成社会共治的大格局。火力发电厂唯有不断加强外部合作，持续完善内部管理，才能真正实现长治久安。

（三）多部门联动

面对突发事件和危机，单靠一个部门的力量往往难以有效应对，需要多部门联动，形成合力。在火力发电厂的危机管理过程中，多部门联动尤为关键。火力发电厂内部各部门，如生产部门、安全部门、环保部门等，必须建立顺畅的沟通协调机制，及时共享信息，协同决策，整合资源。只有各部门密切配合，才能全面评估危机影响，制定科学的应对方案。

与此同时，火力发电厂还需与外部各相关部门保持良好互动。当危机发生时，火力发电厂应第一时间向上级主管部门、地方政府报告，通报事态进展，争取指导和支持。必要时，还需与应急管理、公安、消防、医疗等部门协调，请求援助。外部力量的介入，能够弥补火力发电厂自身在人员、装备、专业技术等方面的不足，提升危机处置能力。

多部门联动的基础在于完善的预案体系。火力发电厂要根据生产实际，识别各类危机风险，编制综合性和专项性预案，明确各部门职责分工和协同流程。定期组织多部门联合演练，强化协同意识，熟悉彼此特点，摸清衔接节奏。一旦危机来临，指挥部即可按照预案，快速调度各方力量，形成统一指挥、密切配合的联动格局。

危机应对离不开公众的理解和支持，而赢得公众支持有赖于专业、透明的信息发布。火力发电厂要与政府新闻部门、媒体等加强联系，建立统一的信息发布机制。坚持"早、主动、全面、客观"原则，及时发布权威信息，回应社会关切，引导舆论导向，避免谣言扰乱视听。必要时，可邀请专家学者解读危机影响，消除公众疑虑。通过公开透明的信息发布，争取公众谅解，凝聚各方共识，为危机处置营造良好的社会环境。

在后续恢复重建阶段，多部门联动的重要性更加凸显。火力发电厂要积极争取政府扶持政策和资金，开展设备检修、人员安置等工作。同时加强与保险、法律等部门沟通，妥善处理善后事宜，维护企业合法权益。危机应对不是短期行为，而是一个系统工程，需要各部门携手并进、久久为功。

虽然多部门联动为危机管理注入了强大动力，但也对管理者的协调能力提出了更高要求。管理者要站在全局高度，统筹兼顾各方利益，化解部门分歧，凝聚智慧力量。要善于发挥各部门专业优势，调动其积极性、主动性，形成分工明确、优势互补的联动机制。只有对内讲协调，对外树形象，争取方方面面的支持，才能将多部门联动的效能发挥至极致。

四、危机管理的持续改进原则

（一）经验总结

危机管理中的经验总结不仅包括在危机处置过程中的直接经验，更囊括了在日常工作中积累的间接经验。这些宝贵的经验需要管理者有意识地提炼、归纳和升华，进而内化为指导未来行动的原则和方法。火力发电厂运营过程中可能遇到的危机事件千差万别，但其应对之道却有迹可循。通过对往期危机案例的系统梳理和经验提炼，管理者能够总结出一套行之有效的危机管理流程，明确各阶段的工作重点和注意事项，从而在面对新的危机时能够从容应对、有章可循。

经验总结的首要内容是明晰危机管理的基本原则。通过反思成功或失败的危机处置案例，管理者需要归纳出一些普适性的原则，如快速反应、统一指挥、信息透明、资源整合等。这些原则是危机管理的基石，是应对各类危机的总纲领。在实践中，管理者应时刻以这些原则为准绳，确保危机处置工作不偏离正确方向。同时，这些原则也需要根据实际情况进行灵活运用，避免教条主义和僵化思维。管理者要在坚持原则和因时制宜之间寻求平衡，做到原则性与灵活性的有机统一。

经验总结的另一重点是梳理危机管理的关键节点和决策路径。每一次危机事件都是对管理者临危决断能力的考验。在复盘过往危机案例时，管理者需要特别关注决策的关键节点，如信息收集与研判、方案制定与选择、行动组织与实施等。通过剖析这些节点的决策过程，管理者能够洞察决策背后的逻辑，厘清思路脉络，进而形成一套标准化的决策路径图。这一路径图既是对经验的提炼总结，也是指导未来行动的参考依据。在后续的危机处置过程中，管理者可以参照这一路径图进行决策，有效减少决策失误，提高决策效率。

经验总结还需关注危机管理中的资源调配与协同配合。危机管理是一项系统工程，需要调动方方面面的资源和力量。通过总结既往危机案例中的资源调配情况，管理者能够识别出资源短板和优化空间，并据此完善资源储备和调配机制。同时，危机管理还考验各部门、各单位之间的协同配合能力。管理者需要总结协作过程中的经验教训，厘清职责边界，优化流程衔接，构建通畅高效的协同机制。只有建立完善的资源保障体系和协同作战机制，处理危机管理工作才能真正做到行云流水、有条不紊。

（二）反馈机制

反馈是危机管理持续改进的重要机制和驱动力。通过建立健全的反馈渠道，收集各方对危机处置过程的意见和建议，危机管理者能够及时发现问题，总结经验教训，不断优化应急预案和处置流程。这一机制有助于提高危机管理的针对性和有效性，使其能够更好地适应不断变化的内外部环境。

具体而言，危机管理反馈机制的构建需要从多个层面入手。首先，火力发电厂内部要建立畅通的沟通渠道，鼓励员工及时反映危机处置过程中存在的问题和不足。这需要营造开放、包容的组织文化，消除员工的顾虑，调动其参与危机管理的积极性。其次，火力发电厂应与外部利益相关方保持良性互动，如当地政府、社区居民、媒体等，认真听取并吸纳他们的意见和建议。这有助于火力发电厂及时调整危机沟通策略，赢得外界的理解和支持。最后，火力发电厂要重视危机管理专家的意见，定期邀请其对危机管理体系进行评估诊断，找出存在的薄弱环节。专家的建议能为危机管理的优化完善提供专业、科学的参考。

在反馈的基础上，火力发电厂要根据实际情况采取针对性的改进措施。一方面，要及时修订完善应急预案，使其更加符合火力发电厂运营实际，更具操作性和实效性；另一方面，要加强危机管理培训和演练，提高全员的危机意识和应急处置能力。通过案例教学、情境模拟等方式，使员工掌握关键环节的操作要领，熟悉各自的角色和职责。此外，火力发电厂还要建立健全应急物资储备和调配机制，为危机处置提供必要的人力、物力保障。

（三）改进措施

持续改进是危机管理的重要原则，也是保障火力发电厂安全稳定运行的关键举措。危机事件的发生往往具有突发性和不确定性，对火力发电厂的正常运转和人员安全构成严重威胁。如果管理者满足现状，不思进取，就难以在复杂多变的危机情境中及时作出正确的决策，最终可能酿成难以挽回的损失。因此，火力发电厂必须树立持续改进的理念，建立健全的反馈机制和优化措施，不断提升危机管理水平。

首先，火力发电厂要高度重视危机事件的经验总结和反思。每一次危机的发生都是对管理体系的一次"大考"，蕴含着宝贵的经验和改进契机。管理者要组织人员对事件的起因、发展、处置全过程进行系统梳理，深入分析其中的经验教训，找出管理中存在的薄弱环节和潜在风险。这种事后评估不应局限于狭隘的责任追究，而应着眼于完善制度、优化流程、提升能力，推动危机管理体系的不断进步。

其次，火力发电厂要建立畅通的信息反馈渠道，鼓励全员参与危机管理的持续改进。一线员工处于生产运行的第一线，对设备状况、操作规程、应急预案等最为熟悉，也最有可能发现其中的问题和不足。管理者要充分发挥员工的主观能动性，营造开放、互信的沟通环境，及时收集和采纳员工的合理化建议。同时，还要完善奖惩机制，调动员工参与危机管理改进的积极性。

再次，火力发电厂要加强内外部的交流学习，博采众长，优化完善危机管理体系。危机管理是一个复杂的系统工程，涉及组织架构、制度建设、技术支撑、人员培养等多个方面。仅凭火力发电厂一己之力，很难实现全面优化和持续进步。因此，火力发电厂要主动与行业内优秀企业开展对标学习，借鉴先进的危机管理理念和实践经验。同时，还要加强与政府监管部门、科研院所、专业机构的合作，引进外部智力资源，为危机管理体系的完善提供支撑。

最后，火力发电厂要高度重视改进措施的落实成效，强化监督考核和绩效评估。再好的改进方案，如果不能落到实处，也只能是一纸空文。管理者要细化改进措施的实施路径，明确责任主体和时间节点，加强过程管控和督促检查。对于工作不力、敷衍塞责的行为，要严肃问责，决不姑息。同时，要建立科学的绩效评估机制，综合考量改进措施的针对性、有效性和持续性，客观评价其实施成效。

第三节 应急预案的制定与实施

一、应急预案的制定

（一）应急预案的基本构成

1. 预案目标

应急预案目标是应急管理工作的灵魂和统领，直接决定着应急预案编制的方向、内容和重点。科学合理地设定预案目标，是提高预案质量和实效性的前提和基础。就火力发电厂而言，应急预案目标应立足火力发电厂安全生产实际，着眼保障人员生命财产安全、维护公共安全秩序、最大限度减少事故损失。

具体来说，火力发电厂应急预案目标可以概括为"三个最大限度"，即最大限度地控制事故源、最大限度地减轻事故后果、最大限度地恢复生产秩序。控制事故源是应急处置的首要任务，要通过及时发现和消除各类隐患，严防事故发生。一旦发生事故，要迅速启动应急预案，组织力量开展应急救援，控制事态蔓延，把事故危害降到最低。事故得到有效控制后，要抓紧恢复生产秩序，尽快实现受损设备、生产线的修复重建，把事故造成的损失降到最低。

实现上述目标离不开完善的应急保障机制。火力发电厂要建立健全应急组织体系，明确各部门、各岗位的应急职责，做到分工明确、协同有序。要加强应急物资储备，确保应急救援装备、物资、药品等关键资源的充足供给。要强化应急培训演练，提高应急人员的业务素质和实战能力。要坚持预防为主，常态化开展安全隐患排查治理，从源头上消除事故隐患。

制定科学合理的预案目标还需要遵循一定的原则。其一，目标要符合国家相关法律法规和行业标准的规定，与国家应急管理体系相衔接；其二，目标要切合本火力发电厂实际，既要兼顾不同类型突发事件的特点，又要突出重点、区别对待；其三，目标要可操作、可考核，避免空泛、笼统的表述，为预案实施提供明确方向；其四，目标设定要经过充分论证，征求各方意见，确保其科学性、合理性。

火力发电厂应急预案目标的设定是一项系统工程，需要从应急管理、安全生产、电力调度等多个维度来考量。火力发电厂要成立由管理者、专家、一线员工等组成的预案编制小组，深入调查研究，广泛听取意见，在此基础上提出预案目标建议，经过反复论证、修改完善后予以确定。在目标设定过程中，还要注重借鉴兄弟电厂的经验做法，学习国内外先进的应急管理理念，不断优化完善预案目标。

2. 预案内容

应急预案内容是应急管理体系中极为重要的一环，事关火力发电厂应急响应的针对性和有效性。科学、合理、可操作的预案内容，是保障火力发电厂安全稳定运行、最大限度降低事故风险和损失的关键。

应急预案内容通常包括总则、组织指挥体系、监测和预警、应急响应、后期处置、应急保障、预案管理等部分。总则阐明预案的目的、依据和适用范围，明确应急工作的总体原则和要求；组织指挥体系详细规定应急组织架构、职责分工和协同机制，为应急行动提供必要的人力资源保障；监测和预警部分重点描述对重大危险源的监控措施，以及预警信息的获取、分析和发布流程，力求做到早发现、早报告、早处置。

应急响应是预案的核心内容，需针对火力发电厂可能发生的各类事故，如锅炉爆管、汽轮机故障、输煤系统故障等，制定详尽周密的处置方案。一般来说，应急响应要明确事故报告程序、响应分级、现场处置、人员疏散、医疗救护、信息发布等关键环节，确保一旦发生事故能够快速启动应急预案、有序开展应急行动。同时，预案还应就事故可能造成的次生、衍生问题提出防范和应对措施。

后期处置阶段的重点是事故调查、恢复重建、善后赔偿等工作。预案应明确调查程序和要求，查明事故原因，吸取教训，制定整改措施，防止类似事故再次发生。针对事故造成的损失和影响，要及时开展生产恢复、环境修复、人员安置等善后工作，最大限度地降低事故的负面影响。

应急保障则从通信、装备、物资、资金、技术等方面提出具体要求，为应急行动的顺利开展提供必要支持。特别是要建立健全应急物资储备制度，确保关键应急装备和物资的充足供给。

预案管理部分对预案的编制、审核、发布、更新等提出明确要求，围绕预案的"生命周期"进行全过程管理，确保预案始终具有科学性、针对性和可操作性。要采取有效措施加强预案培训和演练，提高全员应急意识和能力。

3. 预案附件

预案附件作为应急预案的重要组成部分，在应急管理过程中发挥着关键作用。它通过提供翔实的信息和可操作的流程，保证应急预案能够在突发事件发生时得到有效执行，最大限度地减少事故损失，维护社会稳定。因此，编制科学完善的预案附件，是提高火力发电厂应急管理水平的重要举措。

从内容上看，预案附件应涵盖与应急预案实施密切相关的各类信息。一方面，它要包含火力发电厂基本情况的详细资料，如厂区平面图、重点防护目标分布、危险源识别结果等，为应急决策和救援行动提供必要的参考依据；另一方面，预案附件还应列明应急响应的具体流程和要求，如应急组织体系构成、应急队伍分工、应急物资储备清单、疏散撤离路线等，确保各项应急措施能够快速、有序地展开。此外，预案附件中还应收录应急预案相关的法律法规、标准规范，以及厂内既有的应急管理制度文件，从制度层面为预案执行提供有力保障。

从形式上看，预案附件的编制应力求规范、简明、易用。在格式方面，预案附件要严格按照相关规定进行编排，包括目录、正文、图表等在内的各个部分都要条理清晰、逻辑严密；在语言方面，预案附件应采用简洁明了的表述，尽量避免使用晦涩难懂的专业术语，确保内容能够被各级应急人员准确理解和把握。同时，预案附件还应注重实用性，紧扣应急预案的需求提供信息支撑，杜绝不相关、多余的内容，提高应急响应的针对性和有效性。必要时，还可以运用图表、流程图等直观化的表现手段，增强预案附件的可读性和操作性。

编制预案附件不是一蹴而就的，而是需要在应急预案编制、评审、演练等各个环节同步推进的。在预案编制阶段，应急管理人员要广泛收集相关资料，全面分析应急需求，初步拟定预案附件的框架内容；在预案评审阶段，要充分征求各方意见，特别是一线应急人员的反馈，进一步修改完善预案附件；在预案演练阶段，要通过实战检验预案附件的可行性和有效性，并针对暴露出的问题及时予以改进。只有不断修订、持续优化，才能使预案附件始终紧跟应急管理的实际需求，为预案的有效实施提供有力支撑。

火力发电厂作为关系国计民生的重要基础设施，其安全稳定运行至关重要。制定周密的应急预案，完善配套的预案附件，是火力发电厂落实安全生产责任、提升风险管控能力的题中应有之义。在"安全第一、预防为主"的方针指引下，广大火电企业应不断健全应急预案体系，并高度重视预案附件编制工作，为应对险情、防范事故提供坚实保障，为服务国家能源安全和经济社会发展贡献力量。

（二）应急预案的编制流程

1. 风险评估

风险评估是应急预案编制的基础和前提，其目的在于识别和分析火力发电厂运营过程中存在的各类风险，为制定有针对性的应急措施提供依据。在风险评估过程中，需要系统梳理火力发电厂的生产流程，全面排查各个环节可能出现的风险因素，综合考虑事故发生的可能性和危害后果，确定风险等级。

对火力发电厂而言，最为突出的风险来自锅炉、汽轮机、发电机等关键设备的故障或事故。一旦这些设备发生泄漏、爆炸、火灾等重大事故，不仅会造成设备损毁、人员伤亡，还可能引发环境污染，影响电网稳定，带来严重的社会影响。因此，在风险评估过程中，要着重分析这些关键设备的风险因素，包括设备老化、超负荷运行、维护保养不到位等，研判事故发生的可能性和危害程度，制定相应的风险控制措施。

除了设备风险外，火力发电厂还面临着自然灾害、人为事故等外部风险因素的威胁。

地震、洪水、台风等极端天气事件可能导致厂房倒塌、设备损毁，影响正常生产运行。人为失误、违章操作、恶意破坏等行为也可能引发重大事故，威胁人身和财产安全。因此，风险评估需要充分考虑这些外部风险因素，分析其发生的可能性和危害后果，提出相应的应对策略。

风险评估的方法和流程应符合相关标准和规范。通常采用定性与定量相结合的方式，运用故障树分析、事件树分析等可靠性分析技术，系统识别风险因素，计算事故发生概率和危害后果，确定风险等级。在此基础上，根据风险可接受原则，制定风险控制措施，包括工程技术措施、管理措施和应急处置措施等，形成完整的风险管理方案。

风险评估是一个持续、动态的过程。受技术进步、设备更新、环境变化等因素的影响，火力发电厂面临的风险也在不断变化。因此，要建立风险评估的常态化机制，定期开展风险辨识和分析，及时更新风险信息，调整风险控制策略。同时，要充分利用大数据、人工智能等新技术手段，提高风险预警和监测能力，实现风险的智能化管控。

2. 预案编写

应急预案编写是应急管理工作中的关键环节，其质量直接影响应急响应的及时性、有效性和可操作性。编写科学合理、切实可行的应急预案，需要深入分析风险源，全面识别事故类型，准确评估事故后果，并在此基础上制定详细的应急处置流程和保障措施。这一过程不仅需要应急管理人员具备扎实的专业知识和丰富的实践经验，更需要各相关部门通力合作，群策群力。

从内容构成看，应急预案一般包括总则、组织指挥体系、风险分析、监测预警、信息报告、应急响应、后期处置、保障措施、附则等几大部分。其中，总则阐明预案的目的意义、编制依据、适用范围等；组织指挥体系明确应急组织架构、部门职责分工等；风险分析识别事故风险，评估事故后果；监测预警部署预警监测设施，确定预警分级标准；信息报告规范信息上报渠道和时限要求；应急响应细化事故处置流程，落实各项应急措施；后期处置安排事故调查、恢复重建等；保障措施统筹应急物资装备、通信保障、医疗救护等；附则说明预案管理、培训演练等事项。这些内容环环相扣，构成了完整的应急预案体系。

从编制流程看，应急预案编写通常经历风险评估、预案编写、预案评审三个阶段。在风险评估阶段，应急管理人员要深入一线，通过资料查阅、现场勘查、人员访谈等方式，全面收集风险信息，科学开展风险辨识、分析和评价，摸清事故风险底数；在预案编写阶段，应急管理人员要在风险评估的基础上，认真研判应急需求，合理设置应急任务和行动方案，严格遵循预案编写规范，确保预案内容完整、表述准确、逻辑严密；在预案评审阶段，应急管理人员要广泛听取各方意见，组织开展桌面推演，查找预案薄弱环节，不断修订完善，最终形成定稿。这一系列工作环环相扣，缺一不可，需要应急管理人员持之以恒、精益求精。

深入分析应急预案编写的基本方法，可见其中确实包含着丰富的管理学思想和科学的工作方法。比如，风险评估体现出"预防为主、防控结合"的安全生产理念，有利于将安全风险因素消灭在萌芽状态；细化应急任务和行动流程，反映出精细化管理的要求，是确保应急响应高效顺畅的关键举措；建立健全培训演练机制，则蕴含着过程管理的理念，着眼于不断提升组织和个人的实战能力，检验预案的可操作性和实用性。可以说，应急预案编写融合了现代管理学的诸多理念方法，为提升应急管理水平提供了有力抓手。

在编写应急预案的过程中，还应该注意一些关键问题。一是要坚持以人为本，充分考虑各类人员的需求，制定周全的疏散安置方案；二是要体现系统思维，统筹协调电力、通信、交通、医疗等各项保障，确保应急资源有效衔接；三是要坚持务实管用，结合实际需要和工作条件，避免好高骛远、脱离实际；四是要动态更新完善，根据形势变化和暴露的问题及时修订，做到与时俱进。只有处理好这些关键问题，才能使应急预案更加科学管用，为应对和处置突发事件提供坚实制度保障。

3. 预案评审

应急预案评审是应急预案编制流程中的关键环节，其目的在于对预案的科学性、实用性、可操作性进行全面评估，确保预案能够在突发事件发生时发挥应有的指导作用。评审过程不仅能够发现预案存在的不足，提出针对性的修改建议，还能够促进预案编制人员与相关方的沟通交流，凝聚共识，提高预案的认可度和执行力。

从评审内容看，应急预案评审需要从多个维度展开。首先，评审应关注预案内容的完整性和系统性。一份合格的应急预案应包括风险评估、组织指挥、处置流程、资源保障、善后恢复等方面，各部分之间应该逻辑严密、衔接紧凑，形成完整的体系。其次，评审应评估预案内容的针对性和可操作性。预案应根据火力发电厂面临的特定风险制定，具有很强的针对性；同时，预案中的处置措施应该简明扼要、易于理解和执行，避免空泛、抽象的表述。最后，评审应审视预案的协调性与衔接性。火力发电厂应急预案不是独立存在的，它需要与地方政府、安全监管、社会救援等外部力量的预案相互配合。因此，评审应重点关注厂内外预案在组织架构、信息共享、资源调配等方面的协调与衔接。

从评审主体看，应急预案评审应该吸纳多方利益相关者参与。首先，火力发电厂内部的管理层和一线员工都应参与评审。管理层能够从战略层面对预案的总体框架和目标提出意见，而一线员工则能够基于实践经验对预案的可操作性提供判断。其次，评审应邀请安全、消防、环保等外部专家参与。这些专家能够从专业角度审视预案，提出权威、中肯的修改建议。最后，评审过程中还应听取周边社区、公众的声音。作为预案实施效果的直接感受者，公众的意见对于提高预案的社会认可度至关重要。

从评审方式看，应急预案评审应采取多种形式，综合运用定性和定量的方法。一方面，可以通过召开评审会、论证会等方式，组织相关方面对面交流，集中讨论预案的主要内容和关键问题；另一方面，可以运用情境构建、推演验证等方法，在模拟环境中测试预案的有效性和可操作性。通过定性和定量相结合的方式，评价者能够从不同角度、全方位地审视预案，使评审结果更加客观、全面、可信。

二、应急预案的实施演练

（一）演练类型

应急演练作为应急预案的重要组成部分，是提高应急响应能力、检验应急预案可行性的关键环节。火力发电厂面临诸多潜在风险，如锅炉爆管、汽轮机故障、输煤系统中断等，一旦发生重大事故，不仅会造成巨大经济损失，还可能危及员工生命安全和环境质量。因此，火力发电厂必须高度重视应急演练工作，针对不同类型的突发事件，精心设计演练方案，定期开展演练活动，以提升全员应急意识和实战能力。

从演练内容看，火力发电厂的应急演练通常分为综合演练和专项演练两大类。综合演练是对火力发电厂整体应急响应能力的一次全面检验，涉及方方面面，如应急指挥、信息报告、人员疏散、医疗救护、后勤保障等。在综合演练过程中，各部门、各专业必须密切配合，严格按照应急预案规定的程序和要求，有序开展各项应急行动。通过综合演练，管理者可以检验应急预案的针对性和可操作性，发现并及时弥补应急管理过程中的薄弱环节，从而不断完善应急机制。

与综合演练相比，专项演练更加聚焦，针对性更强。火力发电厂的专项演练通常围绕某一特定的事故类型或应急职能展开，如锅炉事故处置演练、危化品泄漏应急演练、消防演练等。这些专项演练能够深度模拟特定事故情境，对相关应急队伍和人员进行实战化训练，大幅提升其专业技能和处置能力。比如，在锅炉事故处置演练中，控制室操作人员、检修人员、安全员等必须快速响应，准确判断事故原因，果断采取紧急措施，防止事态恶化。通过反复的专项训练，一线应急人员能够熟练掌握各类事故的处置方法和操作规程，真正做到临危不乱、沉着应对。

除了综合演练和专项演练，火力发电厂还应积极开展桌面推演这一新型演练方式。与传统演练相比，桌面推演更加经济、高效，对人力物力的需求相对较低，但同样能够达到锻炼应急指挥、检验决策方案的目的。在桌面推演过程中，应急指挥部的成员围坐在一张桌子前，按照特定的事故情境，进行头脑风暴和方案论证，及时调整应急策略和资源配置。这种形式能够促进决策者开阔思路、激发创新，寻求最优的应急处置方案。同时，对推演过程进行复盘总结，还可以帮助管理者发现决策机制和信息流转过程中的问题，为优化应急指挥提供依据。

无论是哪种类型的应急演练，都必须贴近火力发电厂实际，紧扣应急预案要求，避免走过场、搞形式主义。在设计演练方案时，要充分考虑火力发电厂的生产特点、风险分布和应急资源状况，力求情境逼真、设置合理，既要突出重点、有的放矢，又要全面覆盖、不留死角。在实施演练的过程中，要严格标准、从严要求，确保每一个应急岗位、每一名应急人员都能够尽职尽责、规范操作，经受住实战的考验。

（二）演练评估

应急演练评估是应急预案制定与实施过程中的重要环节，其目的在于检验应急预案的可行性和有效性，发现预案中存在的问题和不足，并及时采取措施加以改进和完善。科学、系统的演练评估不仅能够提高应急预案的质量和实用性，更能够提升组织的应急处置能力，最大限度地减少突发事件造成的损失和影响。

应急演练评估应当坚持客观、公正、全面的原则，采用定性与定量相结合的评估方法。评估的内容应当涵盖应急演练的各个方面，包括预案的启动与响应、指挥与协调、信息的收集与处理、应急资源的调配与使用、现场救援与处置、后勤保障与医疗救护等。在评估过程中应当重点关注以下几个方面：一是应急预案是否能够有效指导应急行动，是否存在操作性不强、可行性不高的问题；二是应急指挥体系是否健全，能否实现高效协同；三是应急队伍能否迅速响应、正确处置，是否具备必要的装备和技能；四是信息沟通是否顺畅，能否及时准确地掌握现场情况；五是应急资源能否满足实际需要，是否存在短缺或者闲置的问题；六是各项保障措施是否到位，能否为应急处置提供有力支撑。

在进行应急演练评估时，应当成立由相关部门、专家学者和第三方机构等组成的综合性评估小组。评估小组要全程参与和观察应急演练的过程，详细记录演练中出现的各种情况，并运用科学的方法和手段对演练效果进行评判。评估可以采取现场评估与后期综合评估相结合的方式，既要对演练的即时状态进行判断，也要在演练结束后进行系统梳理和分析。现场评估应当重点关注应急演练的组织实施情况，后期综合评估则应当侧重预案的完善和改进。

应急演练评估的结果应当形成书面报告，客观呈现演练中的成效和问题。对于演练中暴露出的薄弱环节和失误错漏，要深入分析原因，提出切实可行的整改措施。同时，要充分肯定演练中的亮点和创新做法，总结推广先进经验。评估报告应当及时反馈给应急预案的编制和管理部门，作为修订完善预案的重要依据。

第四节　危机事件的监测与预警

一、危机事件监测系统的构建

（一）系统架构设计

火力发电厂危机事件监测与预警系统的架构设计是构建完善预警体系的基石。科学合理的系统架构能够确保各功能模块高效协同运转，及时准确地捕获危机信号，为决策层提供可靠依据。因此，架构设计必须立足火力发电厂实际，兼顾全面性、适用性和可扩展性，为系统的长远发展提供坚实保障。

系统架构设计应遵循模块化、分层化的基本原则。模块化设计强调将系统划分为相对独立又相互协作的功能模块，如数据采集模块、数据存储模块、数据分析模块、预警发布模块等。各模块职责明确，"松耦合、高内聚"，既便于单独开发测试，又能灵活组合集成。分层化设计则着眼于系统整体，将功能模块划归不同的逻辑层次，如感知层、网络层、应用层、展现层等。分层架构有利于管理系统复杂性，明确层间依赖关系，提高系统的可维护性和可扩展性。

在具体设计时，系统架构还需充分考虑火力发电厂业务特点和管理需求。例如，发电设备种类繁多，参数各异，这就要求数据采集模块兼容多源异构数据，支持灵活可配的数据接入和解析规则。又如，火力发电厂安全管控涉及方方面面，监测指标错综复杂，这就需要数据存储模块构建全局统一的指标体系，以标准化的格式管理海量异构数据。再如，设备故障、自然灾害等危机事件或隐或现、千变万化，这就需要数据分析模块整合多种智能算法，自适应地发现危机特征、评估危机等级。类似地，预警发布渠道纷繁多样，PC 端、移动端、大屏端等呈现形式各不相同，这就要求展现层具备动态可配的界面生成和多端自适应能力。

除了功能性需求外，系统架构设计还应重点关注非功能性需求，如安全性、可靠性、性能等。火力发电厂生产运行事关国计民生，容不得半点闪失。因此，系统必须严密防范外部入侵和内部误操作，建立纵深防御体系，并引入区块链等新技术，构建透明可信的数据监管链条。此外，要从数据源头着手，以智能感知、边缘计算、链路冗余等手段，确保数据采集和传输的准确性、连续性。同时，面对急剧增长的数据规模和并发访问量，系统还必须合理配置硬件资源，优化数据处理流程，并灵活引入缓存、负载均衡等机制，从容应对业务高峰。只有在架构层面充分考虑这些非功能性需求，系统才能为危机监测预警提供坚实可靠的底座。

随着人工智能、大数据等新技术的发展，危机监测预警系统正在向智能化、自适应方向演进。下一代系统架构应积极拥抱这些新兴技术，在传统模块化、分层化基础之上，融入以数据驱动、算法为核心的设计理念。例如，系统可引入增量学习模型，持续从业务数据中自主学习危机特征；可实现算法自动选择和超参数动态优化，不断提升危机判别的准确率；可通过知识图谱技术，揭示危机事件间的复杂关联，实现从个体到全局、从表象到本质的立体化研判。同时，针对不同的监测对象和预警需求，系统还可自适应地生成定制化的服务流程和可视化界面，让预警服务更加智能、更加贴近业务。这些智能化的创新尝试，必将引领危机监测预警系统的未来发展方向。

（二）监测技术选择

在火力发电厂危机事件监测系统的构建过程中，监测技术的选择至关重要。它直接影响着系统的性能、可靠性和实用性。为了实现对潜在危机事件的及时发现和准确预警，监测技术必须具备高灵敏度、强稳定性、低误报率等特点。同时，考虑到火力发电厂生产环境的复杂性和多变性，监测技术还需要具有良好的适应性和可扩展性，以满足不同场景下的应用需求。

当前，随着信息技术的飞速发展，各种先进的监测技术不断涌现。其中，基于物联网（IoT）的智能传感器技术备受关注。部署大量的智能传感器，可以实现对设备运行状态、环境参数等关键指标的实时采集和分析，为危机事件的早期预警提供数据支撑。这些传感器通常具有体积小、功耗低、灵敏度高等优点，能够无损地嵌入各种设备和场景，实现全方位、无死角的监测覆盖。

除了智能传感器，大数据分析技术也在危机事件监测中发挥着重要作用。海量的监测数据如果得不到有效挖掘和利用，就难以发挥其应有的价值。借助大数据分析平台，可以对采集到的各类数据进行融合处理、关联分析，挖掘其中隐藏的规律和趋势，实现对危机事件的智能识别和预判。建立机器学习模型，还可以不断提高系统的自适应能力和准确性，使其能够应对复杂多变的生产环境。

综合考虑火力发电厂危机事件监测的需求特点，物联网智能传感器技术、大数据分析技术以及安全可靠的系统架构设计是监测技术选择的重点方向。通过合理运用这些先进技术，构建一套全面、准确、稳定的监测系统，才能为危机事件的及时发现和有效处置提供坚实保障，最大限度地降低事故风险，确保火力发电厂的安全平稳运行。当然，监测技术的选择只是危机管理的一个环节，还需要与预警模型、应急预案等其他要素有机结合，形成一套完整的危机管控体系。只有持续不断地优化完善各个环节，才能真正提升火力发电厂应对危机事件的能力，为国家电力安全和能源战略提供有力支撑。

（三）数据存储与管理

数据存储与管理是危机事件监测与预警系统构建的关键环节。系统运行过程中将产生大量的异构数据，包括设备运行状态数据、环境监测数据、人员行为数据等，这些数据类型多样、格式各异，对数据存储与管理提出了较高要求。为保障监测预警的及时性和准确性，必须建立科学、高效的数据存储与管理机制。

第一，应根据数据的特点和应用需求，合理规划数据存储架构。对于实时性要求高的数据，如设备运行参数、环境指标等，可采用内存数据库或时序数据库进行存储，以支持高并发的数据写入和查询。而对于海量的历史数据，则可使用分布式文件系统或列式数据库，实现可扩展的大规模存储。同时，还需要综合考虑数据的安全性、可靠性、可维护性等因素，设计出最优的存储方案。

第二，要建立完善的数据管理流程和规范。明确数据采集、清洗、转换、加载等各环节的操作标准和质量要求，确保数据全生命周期的可追溯和可管控。在元数据管理方面，要详细记录数据的来源、格式、语义、权限等信息，为后续数据检索、共享、分析奠定基础。针对不同业务场景，还需要制定数据访问和使用策略，平衡数据开放性与安全性，既要最大限度地挖掘数据价值，又要严格保护敏感信息，防止数据泄露或滥用。

数据价值在应用中得以体现，高效的数据管理离不开人机协同。一方面，要加强人员培训，提升数据管理团队的专业素养和实践能力，使其熟悉业务需求、精通管理工具、洞悉数据规律；另一方面，还要引入智能化技术，如机器学习、知识图谱等，辅助人工决策，提高管理效率。通过业务专家与数据分析师的通力合作，深度挖掘数据资产，用数据驱动危机事件的监测、预警、研判和处置，真正实现数据价值最大化。

二、预警指标的设定与分析

（一）指标阈值设定

火力发电厂危机事件的预警指标阈值设定是危机监测与预警系统构建的关键环节。科学、合理的阈值设定能够有效提升系统对潜在危机的识别和判断能力，从而为及时采取应对措施赢得宝贵时间。阈值设定的首要原则是全面性，即综合考虑各类危机事件的特点，涵盖设备运行、环境监测、人员管理等各个方面的关键指标。同时，阈值的设定还应体现针对性，根据不同危机事件的性质、影响范围、发展趋势等因素，有所侧重地选取最具代表性和敏感性的指标。

阈值设定的科学性还体现在对指标变化规律的准确把握上。这就要求深入分析历史数据，总结指标变化的周期性、季节性等特点，合理确定阈值的动态调整机制。例如，对于受环境温度影响较大的指标，可以建立温度与阈值的函数关系，实现阈值的自适应调整。又如，对于呈现周期性波动的指标，可以通过分析其变化频率和幅度，设定多级阈值，提高预警的灵敏度和准确性。

在确保安全的前提下，阈值设定还应兼顾经济性的考量。过高的阈值固然能够降低误报率，但也可能延误最佳的应对时机，增加危机处置的难度和代价。而过低的阈值虽然响应迅速，却可能导致频繁的假警报，造成不必要的资源浪费。因此，阈值的设定需要在风险与成本之间寻求最佳平衡点，既不影响系统的安全防护能力，又不过度消耗有限的应急资源。

阈值设定的另一重要方面是充分发挥专家经验和智慧。一方面，要广泛听取行业专家、资深操作人员的意见和建议，借鉴他们在长期实践中积累的经验和教训；另一方面，还要建立完善的阈值优化机制，定期评估阈值的实际应用效果，并根据评估结果动态调整阈值参数。通过人机结合、专家经验与数据分析相统一，不断提升阈值设定的科学性和有效性。

（二）指标数据分析

火力发电厂危机事件预警指标的设定与分析对于保障火力发电厂安全稳定运行至关重要。科学合理地选择指标，并针对性地设定预警阈值，是构建高效预警系统的基础。同时，深入分析各项指标数据，揭示危机事件的潜在演化规律，对于及时采取有效应对措施具有重要意义。

指标选择应遵循系统性、关键性和可获得性原则。一方面，选取的指标应全面涵盖火力发电厂运行的各个关键环节，如燃料供应、锅炉运行、汽轮机运行、电气设备运行等，构建完整的指标体系；另一方面，选取的指标应能敏感反映系统的异常状态，具有危机预警的针对性。此外，指标数据还应易于采集和量化，便于实时监测和分析。常用的预警指标包括锅炉压力、汽轮机振动、发电机温度等关键工艺参数，以及煤量、油量等物料储备指标。

在指标选取的基础上，还需结合火力发电厂的实际情况，科学设定各项指标的预警阈值。阈值设定应综合考虑设备工艺特点、历史运行数据、行业标准等因素，既要避免过于宽松导致危机预警不及时，也要防止过于严格造成频繁误报。同时，针对不同等级的异常状态，应设定多级预警阈值，如设备振动的轻度、中度、重度预警值等，以实现分级预警和响应。阈值的设定还应动态调整，根据设备状态变化、技术升级等及时优化，确保其适用性和有效性。

海量的指标监测数据蕴含着丰富的信息，通过大数据分析技术，工作人员可以深入挖掘其中隐藏的危机演化规律和预警信号。例如，对汽轮机振动数据进行趋势分析，可以发现振动幅值的渐进式上升，预示着机组状态的逐步恶化；对锅炉压力数据进行关联分析，可以揭示压力波动与燃烧不稳定性的内在联系；对煤量、油量等物料数据进行预测分析，可以提前识别供应链风险，防范"断煤""断油"事件的发生。开展多维度的指标数据分析，能够从海量数据中提炼有价值的危机预警信息，形成涵盖全局的、动态的风险评估，为危机决策提供科学依据。

数据分析还应与专家经验有机结合，充分发挥人机协同的优势。一方面，专家可以根据自身经验，对数据分析结果进行解释和判断，剔除伪警报，提高预警的准确性；另一方面，专家经验也可用于指导算法的设计和优化，赋予数据分析以行业智慧。专家经验与数据分析的融合，能够实现"1 + 1 > 2"的效果，形成更加全面、更加准确的危机研判。

参考文献

[1]江亭桂.火力发电厂水处理[M].北京：中国水利水电出版社，2011.
[2]钱家庆.供电应急工作实务[M].北京：中国电力出版社，2016.
[3]彭垠.燃煤电厂管理[M].北京：中国电力出版社，2015.
[4]张国栋.热力设备安装工程[M].北京：化学工业出版社，2016.
[5]黄宏伟.火力发电厂智能控制[M].郑州：郑州大学出版社，2017.
[6]袁弘，孙利，刘政修，等.火力发电厂水资源智慧调控与运营[J].全面腐蚀控制，2022，36（3）：1-12.
[7]袁占伟.火力发电厂燃煤的节能措施[J].光源与照明，2021（7）：141-143.
[8]陈祥烁.火力发电厂电气节能降耗研究[J].光源与照明，2021（3）：120-121.
[9]刘娜.火力发电厂绿色经济运营管理研究[J].工程建设与设计，2019（24）：227-228.
[10]张兴华.火力发电厂基于风险的安全管理研究[J].中国高新区，2018（6）：144.
[11]王胜武.火力发电厂生产运行管理现状及改进策略[J].低碳世界，2017（21）：92-93.
[12]张泰民.火力发电厂生产运行管理现状及改进对策的研究[J].江西建材，2017（1）：194-195.
[13]王蕾，白志伟.火力发电厂生产运行管理现状及改进对策[J].工程技术研究，2016（8）：173.
[14]钟伟.火力发电厂成本控制措施分析[J].建筑技术开发，2016，43（10）：122-123.
[15]朱明.火力发电厂绿色建筑技术设计策略研究[D].济南：山东建筑大学，2016.